专利检索与分析实用手册

Patentics操作指南

知 舍 ◆ 著

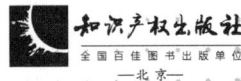

图书在版编目（CIP）数据

专利检索与分析实用手册：Patentics 操作指南/知舍著 . —北京：知识产权出版社，2022.1
ISBN 978 – 7 – 5130 – 8036 – 1

Ⅰ. ①专… Ⅱ. ①知… Ⅲ. ①专利—信息检索—手册②专利—情报分析—手册 Ⅳ. ①G254.97 – 62 ②G306 – 62

中国版本图书馆 CIP 数据核字（2022）第 011187 号

内容提要

本书主要介绍了集专利检索及专利分析于一体的 Patentics 系统，包括微信版、网络版及客户端。在阐述一般专利检索及专利分析流程的基础上，详细介绍了 Patentics 的各种特色功能及操作方法，具体涉及语义检索、分类器数据处理以及自动化的可视化，可使读者全面而精准地掌握 Patentics 系统。

责任编辑：卢海鹰　王瑞璞		责任校对：谷　洋	
封面设计：杨杨工作室·张冀		责任印制：刘译文	

专利检索与分析实用手册
——Patentics 操作指南

知 舍 著

出版发行：知识产权出版社 有限责任公司	网　址：http://www.ipph.cn
社　址：北京市海淀区气象路 50 号院	邮　编：100081
责编电话：010 – 82000860 转 8116	责编邮箱：wangruipu@cnipr.com
发行电话：010 – 82000860 转 8101/8102	发行传真：010 – 82000893/82005070/82000270
印　刷：天津嘉恒印务有限公司	经　销：各大网上书店、新华书店及相关专业书店
开　本：787mm×1092mm　1/16	印　张：10.75
版　次：2022 年 1 月第 1 版	印　次：2022 年 1 月第 1 次印刷
字　数：250 千字	定　价：68.00 元
ISBN 978 – 7 – 5130 – 8036 – 1	

出版权专有　侵权必究
如有印装质量问题，本社负责调换。

序

常讲文学与艺术是相通的，其实科学又何尝不是。比如编程，擅长的人会将其感受为流淌的音符、舞动的旋律，字里行间的清澈达意就如同创造不朽的小说传记。Patentics 是我二十年如一日积累、雕琢的产品，客户端安装程序从最初的十几兆大小已经翻了两三番，太多的功能、太多的奇妙集于其中，使用时常有灵光闪现的美妙瞬间。

为了让客户能够感同身受，Patentics 团队专门编制了对应的说明与操作手册，并一直在努力完善。但是，不同于开发团队的独尊技术、推崇精简，也不同于其他知产书籍的高雅绝伦、不可亲近，此书言简意赅，随功能而动，以问题、案例为切入点，以实践为导向，以解决问题为目标，着力于操作的可学性、便捷性、使用性。因此，此书在视角上有了全新的突破，更多的是一次言传身教，是使用者向潜在使用者的一次"布道"。这不仅会让越来越多的人更易于学习、使用 Patentics，还能够让使用者理解、认可 Patentics，接受、欣赏 Patentics。

作为开发者，我们真诚地希望打造出的产品具有世界一流的功能，也更希望这些功能能够被广大使用者认可、使用、传播。相信此书的出现是一个契机，能够让知识产权界的朋友们重新审视 Patentics 的功能和价值，了解并进入 Patentics 的知产向量世界，感受科技加持下的知产魅力。

前 言

让我们轻松走进 Patentics 的世界!

如果您是一名专利代理师,想在专利撰写的同时进行查新;或是一名专利审查员,想在提质增效工作中进一步提高;或是一名专利分析师,想独立完成一项专利分析;或是一名 IPR,想实时了解竞争对手的情况,那么这本书很适合您。

Patentics 是一个专利数据处理系统,具有强大的专利检索与数据分析功能,并能把数据转化成各种图表,还能实现多人协同工作。事实上,随着 5.0 版本的诞生,当您对 Patentics 了解越多,它越能带给您惊喜,做到一些原本您认为不可能的事情,让专利工作中的难题迎刃而解。

本书具有以下特色:

1. 入门轻松。本书从最基础的认识界面开始,逐一介绍各种功能模块的使用方法,力求零基础的读者能轻松入门。

2. 由浅入深。通过长期观察 Patentics 用户的状况,将 Patentics 的知识点按照由浅入深的模式介绍,方便用户合理地安排学习顺序。

3. 主次分明。本书以简洁实用为原则,有选择地重点讲解常用的工具和操作,对不常用的则进行了省略或简化。

本书在编写过程中借鉴了 Patentics 公众号及小程序的部分素材,在此对索意互动(北京)信息技术有限公司裘钢博士的大力支持表示诚挚感谢;同时,本书在编写过程中得到了北京国知专利预警咨询有限公司曹赞华老师的全程业务指导,在此深表感谢。

由于时间仓促,加之笔者自身水平有限,本书中的内容难免存在偏差和错误,希望读者批评指正。

目 录

第 1 章 Patentics 简介

1.1 认识 Patentics ... 002
1.1.1 了解 Patentics ... 002
1.1.2 Patentics 主要特点 ... 002

1.2 Patentics 产品介绍 ... 004
1.2.1 微信小程序 ... 004
1.2.2 网络版 ... 004
1.2.3 客户端 ... 005
1.2.4 网络版与客户端功能详情 ... 006

1.3 Patentics 界面 ... 012
1.3.1 微信小程序界面 ... 012
1.3.2 网络版界面 ... 012
1.3.3 客户端界面 ... 014

第 2 章 专利检索

2.1 检索基础 ... 018
2.1.1 数据库 ... 018
2.1.2 检索字段 ... 022
2.1.3 布尔运算 ... 025
2.1.4 分类查询 ... 027

2.2 语义检索 ... 029
2.2.1 语义检索基本原理 ... 029
2.2.2 语义检索详解 ... 031

2.2.3　人工干预检索 …………………………………………………………… 033
　　2.2.4　语义检索说明 …………………………………………………………… 035

2.3　检索应用 ……………………………………………………………………… 036
　　2.3.1　检索模式 ………………………………………………………………… 036
　　2.3.2　数据库选择 ……………………………………………………………… 041
　　2.3.3　检索式构建 ……………………………………………………………… 042
　　2.3.4　特殊算符 ………………………………………………………………… 046

第3章　专利浏览

3.1　通用设置 ……………………………………………………………………… 052
　　3.1.1　浏览设置 ………………………………………………………………… 052
　　3.1.2　检索命令设置 ……………………………………………………………… 058

3.2　快速浏览 ……………………………………………………………………… 060
　　3.2.1　浏览器介绍 ………………………………………………………………… 060
　　3.2.2　浏览器区别 ………………………………………………………………… 067

3.3　全文浏览 ……………………………………………………………………… 071
　　3.3.1　网络版全文浏览 …………………………………………………………… 072
　　3.3.2　客户端全文浏览 …………………………………………………………… 075
　　3.3.3　客户端分类器 ……………………………………………………………… 078
　　3.3.4　客户端本地页面 …………………………………………………………… 085

3.4　工具导航栏 …………………………………………………………………… 088
　　3.4.1　工具栏 ……………………………………………………………………… 088
　　3.4.2　存储工具 …………………………………………………………………… 093

第4章　专利分析

4.1　客户端数据采集 ……………………………………………………………… 098
　　4.1.1　数据导入 …………………………………………………………………… 098
　　4.1.2　数据传输 …………………………………………………………………… 103

4.2　客户端数据处理 ……………………………………………………………… 105
　　4.2.1　数据分组 …………………………………………………………………… 105

4.2.2 节点操作	116
4.2.3 数据清理	125
4.2.4 数据标引	128

4.3 客户端可视化 … 131

4.3.1 图表预览	132
4.3.2 二维图表	133
4.3.3 三维图表	135
4.3.4 四维图表	138
4.3.5 特殊图表	139
4.3.6 图表编辑	141

4.4 客户端结果保存 … 143

4.4.1 专利数据保存	143
4.4.2 可视化结果保存	148

4.5 网络版专利分析 … 150

4.5.1 数据分组和可视化	150
4.5.2 专利地图	152

第5章　Patentics 5.0 推荐功能

5.1 检索魔方 … 154
5.2 智能关联 … 156
5.3 智能运营 … 157
5.4 "最后一公里" … 160

参考文献

后　记

第 1 章
Patentics 简介

本章主要介绍 Patentics 系统的一些基础信息，使读者能够了解认识其基本产品、基本功能和基本界面，为进一步深入学习 Patentics 系统的专利检索和专利分析的一系列功能奠定基础。

1.1 认识 Patentics

从本质上来说，Patentics 系统是一个基于专利数据库的专利检索、分析工具，与人们所熟悉的 incoPat、PatSnap 没有区别，只不过更为复杂，功能更强大而已。

1.1.1 了解 Patentics

纵观专利检索与分析工具发展历史，初期优秀的工具软件及完备的数据库掌握在政府部门手里。随着商用软件的开发以及专利数据库的公开，目前，德温特公司 20 世纪创建的德温特检索系统已成为外国专利专家们最广泛使用的专利检索系统。随着网络技术与专利数据库的不断发展，以计算机为工具的专利分析开始应用于企业战略之中。2000 年之后，中文专利检索系统陆续开发，包括北京合享智慧科技有限公司的 incoPat、智慧芽公司的 PatSnap，以及本书所介绍的索意互动（北京）信息技术有限公司的 Patentics 等，通常集专利检索、专利分析、专利分析可视化三大功能于一身。

Patentics 是由索意互动（北京）信息技术有限公司自主开发的智能化系统。根据 Patentics 官方介绍，patent 所加的后缀 ics，根据《牛津英语词典》，表示"一个研究主题或知识分支"。构建于复杂算法引擎和精确计算模型，Patentics 希望使得专利检索及其应用如其他任何技术领域，例如电子学（Electronics）、数学（Mathematics）等一样，成为一门科学，或一种具有其本身数学规则的机械性原理，而不再是非结构化、非精确的专利文本描述。Patentics 系统从 1.0、2.0、3.0、4.0 到现在最新推出的 5.0 版本（截至本书成稿时），每一个版本的更新迭代都是一次跨越式的提升。

1.1.2 Patentics 主要特点

Patentics 系统是一个适合专利行业从业者进行专利数据处理的工具。"数据处理"是一个很广义的概念，包含了各种针对专利数据这个对象所进行的活动。具体地说，Patentics 系统拥有强大的专利检索、分析、信息可视化和信息交互与共享功能，可以帮助用户将繁杂的专利数据转化为有用的信息。

（1）专利检索

专利检索系统已成为专利行业从业者日常使用的工具。检索系统首先以特定数据库为基础，例如美国专利数据库、中国外观设计专利数据库等。数据库涵盖各种专利数据,既包括专利文献著录项目,也包括专利文献全部技术内容。数据库对不同的专利数据项目赋予不同的字段,例如分类号、公开号、摘要等。检索人员通过命令或功能键在数据库中的字段中对特定的信息进行查找。此种命令,通过"布尔算符"实现,例如"or""and""not"。这就是目前广泛使用的布尔检索。

Patentics 系统除具有传统布尔检索功能外,最大的特点还在于语义检索功能,通常也称为自动检索、智能检索。根据 Patentics 官方介绍,其基于强大的语义引擎,自动理解每一篇专利文本内容后,自动提取其中最具代表性的 n 个特征词,并进行语义聚类。在检索时,仅根据用户输入的文献号/文本,系统自动理解输入的内容,将与之相关的每一篇专利文献按语义相关度从高到低输出检索结果。

(2) 专利分析

专利分析是指对来自专利文献中大量或个别的专利信息进行加工组合,并利用统计学方法或数据处理方法发现隐藏在数据信息背后的有价值的情报信息。传统专利分析方法通过检索获得大量专利文献信息并导入独立的数据处理工具软件,专业人员进行数据处理并且制作可视化图表。数据处理过程以及制作图表过程往往耗费大量人力、时间。同时,在可视化结果完成后,如果用户有新的要求或数据、分析方法发生变化,则所有的操作步骤都需要重新来做。

面对目前海量的专利数据,要高效地进行多角度、全方位的分析,专利分析工具的质量将直接影响专利分析的效率和准确性。Patentics 系统通过检索获得大量专利信息后导入客户端分类器,实现了数据与分析的分离,通过客户端实现数据分析的可编程连接。数据不受分析方法的限制,可以无限分组,可以任意组合;Patentics 独有的数据处理技术大幅提升了专利分析的质量和效率;分析方法可以在任意分析阶段与任意数据连接,进行探索性分析;分析结果可以随时根据新的要求进行动态调整,并生成新的报告。

(3) 专利信息可视化

信息可视化也被称为信息设计、数据可视化,旨在利用合理的设计方法,分析并展示数据或信息,让复杂的数据易于理解,实现信息有效、直观、快速的传递。专利信息的可视化呈现有助于使复杂的专利分析数据及大量产业技术、法律信息更加明确,进而有效、美观地呈现给读者。传统可视化方法需要专业人员使用专业工具进行图表制作。

Patentics 系统实现了智能化的专利信息可视化,提供了大量的数据分析可视化模板,包括二维图、高维图、专利地图等不同种类的可视化图表;并且具有自主分析能力,可自动将图表与数据结构相匹配,只要符合图表所需的数据结构,即可将数据展示为该类图表,真正实现"可见即可得"。生成的可视化图表支持二维码、PPT 等各种导出格式,便捷的二维码功能可以实现图表随时随地的分享展示。

(4) 信息交互与共享

专利检索和专利分析通常难以通过多人协作共同完成,很大程度依赖于个别专家的核心作用。专利检索仅能保留检索式和少数对比文件,检索结果列表的传输与共享只能通过 Word、Excel 等文件，而无法查看全文或进一步探索。专利分析通常根据研究团队每个成员的能力分配不同的角色，例如专利检索、数据清理、制作图表等；但如果相关人员没有在前期介入和融合，则难以形成高质量的分析报告。可见，传统的专利检索和分析工作虽然需要大量人力和时间，但由于技术的体系性和各步骤的连续性往往难以通过多人协作共同完成，并且输出的结果只能被动接受，因此无法进一步互动或更新。

Patentics 专用的"cls 文件"可以保存工作过程中任意阶段的中间结果，不仅使得专利检索与专利分析可以随时中止、随时继续，而且解决了多人协同工作问题。此外，Patentics 提供的"本地数据库"与"最后一公里"等多种结果输出方式，彻底实现了专利专员与技术研发人员、专利代理师与客户之间的无缝连接。可见，Patentics 系统不仅显著提高了创新实践中的协同力，还可以促进多领域知识的共享、转移和传播。

1.2 Patentics 产品介绍

Patentics 目前主要包括微信小程序、网络版、客户端三款产品，客户端又分为客户端基础版、客户端运营版、客户端金融版三个版本。**本书主要针对网络版与客户端基础版的功能进行介绍。**

1.2.1 微信小程序

为便于最广泛需求者的使用，Patentics 推出微信小程序产品，可在微信小程序中搜索"patentics"，注册即可使用。关于检索功能，除 Patentics 5.0 最新推出的"专利魔方"功能外，微信小程序、网络版和客户端三款产品并没有本质区别，仅因为载体不同，所以在浏览方式上有所不同。此外，Patentics 专为微信小程序的用户习惯推出了一系列专用字段，以及适用于手机操作的便捷功能键，例如拍照检索等。同时，微信小程序不仅具有专利检索功能，还具有简单的统计分析功能。可见，微信小程序虽然在浏览方式上有所限制，但在功能上已足够满足各类临时性工作的需求。

1.2.2 网络版

目前，Patentics 网络版具有两种界面登录方式，分别为经典界面登录与现代界面登录，登录其网站首页 www.patentics.cn，点击相应的入口，输入账号、密码即可登录。

经典界面开发较早，是 Patentics 老用户比较熟悉的产品。为进一步开发新功能，故推出现代界面。现代界面不仅继承了经典界面的全部功能，保障了老用户的使用习惯，而且大幅提升了人机交互界面的便利性，使得各项功能调用更加清晰明了。因此，**本书网络版仅针对现代界面进行介绍**。

网络版的优势在于使用的便利性，对电脑软硬件环境没有要求，只需要打开浏览器即可使用。**对于日常检索的需求，建议用户使用网络版**。但网络版基于浏览器/服务器架构（Browser/Server，B/S），只能借助服务器端进行数据处理，无法调用本地计算机的能力，其算力及相应的数据处理能力受到较大限制，因此，**对于进行大量专利数据的分析处理，建议用户使用客户端产品**。

1.2.3　客户端

（1）客户端概述

Patentics 客户端是一个软件，其独有的客户端/服务器架构（Client/Server，C/S），让客户端成为真正的数据处理平台。Patentics 客户端不仅继承了网络版的全部功能，还具有丰富多样的专利分析功能，可以对数据进行深层次处理操作，例如专利攻防分析、竞争布局分析、价值评估等。32 位到 64 位的转变，更使得客户端可以提供百万级别的本地处理能力，服务器端更可以提供"无上限"的处理能力，这是 B/S 架构无法比拟的。

更重要的是，客户端是将检索的数据先下载到本地再进行相应的分析，整个分析过程都是在本地进行，云端不保存分析项目，因此用户无须担心分析情报泄露的问题。配合无痕检索的使用，客户端可以实现检索、分析、结果保存、情报共享全流程全方位的保密环境。

（2）客户端安装

在使用客户端前首先要进行安装，登录 Patentics 首页 www.patentics.cn，单击"产品"，可见 Patentics 客户端软件 V5.0 产品，包括 4 个下载包："客户端 V5.0 免安装版（32 位）下载""客户端 V5.0 免安装版（64 位）下载""winrar（32 位）安装包""winrar（64 位）安装包"。免安装版与安装包版在安装权限上有所不同，**免安装版更具有普适性，是目前推荐使用的版本**。32 位或 64 位指的是安装电脑的操作系统类型，用户需根据电脑的情况进行选择。客户端软件目前只支持在 Windows 系统安装，不能在苹果 macOS 系统以及中标麒麟系统安装。

以"客户端 V5.0 免安装版（64 位）"为例，下载后解压缩，生成"PatenticsClient64"文件夹，点击可见又一"PatenticsClient64"文件夹，再次点击后选择"Patentics"文件夹，可见带"Patentics"图标的可执行文件，如图 1-2-1 所示。**用鼠标双击即可直接运行，同时在桌面生成快捷方式**。

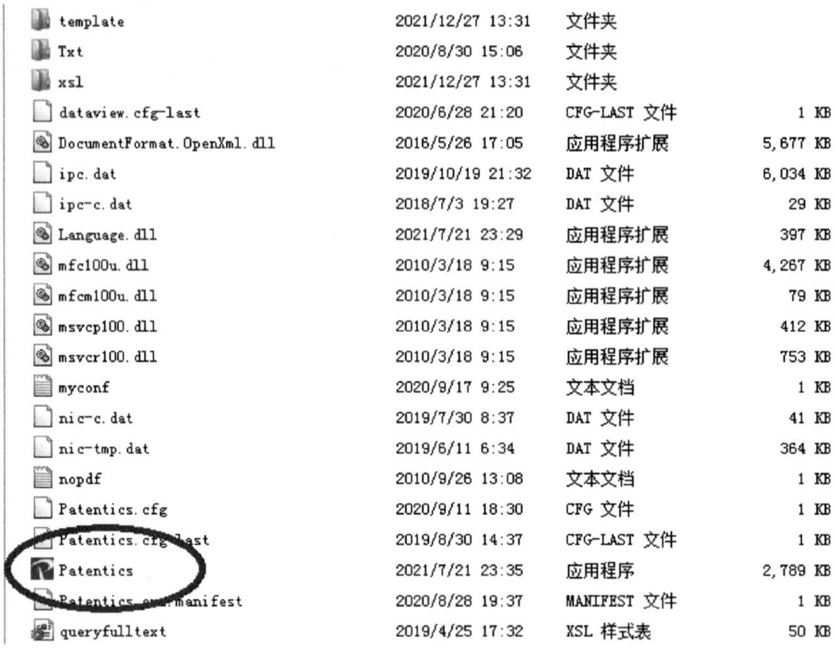

图 1-2-1 Patentics 客户端安装文件

1.2.4 网络版与客户端功能详情

由于架构的不同，网络版与客户端的主要区别在于：网络版在数据上传和下载方面以及分析的数据量和维度方面均有所限制。根据 Patentics 5.0 官方介绍，网络版与客户端产品的功能详情介绍及区别参见表 1-2-1；客户端不同版本的功能对比参见表 1-2-2。需要说明的是，Patentics 系统更新速度很快，每隔一段时间便会将曾经的高级功能对基础产品全面开放，因此产品的实际功能以产品本身为准。目前，Patentics 网络版与客户端产品可以共享登录账号，系统会根据账号权限自动适配相应的功能权限。

表 1-2-1 网络版与客户端的功能详情[①]

功能		网络版	客户端基础版
检索	语义检索（语义排序）	√	√
	布尔检索	√	√
	布尔检索+语义排序混合模式	√	√
	简单检索、表格检索、高级指令检索	√	√
	语义可视化检索	√	√

---

① 此为本书成稿时网络版与客户端的相关信息，如需查看最新版本，可登录 Patentics 官方网站。

续表

功能		网络版	客户端基础版
检索	语义检索结果可视化	√	√
	分词搜索	√	√
	N 阶搜索	√	√
	法律状态、复审无效、交易信息检索	√	√
	公司搜索	√	√
	流检索	√	√
	检索字段等级	0–3	0–3
检索魔方	一键检索多国数据,提供优选的阅读顺序	×	√
数据下载	导出 Excel CSV 著录项目(24 项基本信息)	无上限	无上限
	导出格式化 Excel、Word(48 项基本信息)	有上限	无上限
	导出格式化分组数据	有上限	百万级
	导出智能主题数据库	×	Excel 索引表 Word
	更多格式文件下载(txt、html、cls、pc 格式等)	×	√
数据上传	上传数据	txt 文件上传、批量号上传	txt 文件上传、批量号上传、系统剪贴板上传、多种格式文件上传
统计与分析	趋势分析	√	√
	申请人、发明人、分类号等 40 余种基础信息维度统计	√	√
	数据分析	二维、多维数据分析	44×43×3 种高维度统计分析
	聚类分析	随机 400 篇取样	全量聚类分析
	新颖分析	√	√
	侵权分析	√	√
	引用图	√	√
	虚拟引用图	√	√
要素表	不改变检索结果提前预判检索方向	√	√
	数据可视化	基于宏观统计的可视化图形	基于复杂分析的 65 种可视化图形
	自动预警推送	√	
浏览	快速表格浏览	√	√
	快速图文浏览	√	√
	附图对比浏览	√	√
	高亮关键词、词频统计、批注、评论	√	√
	附图原位显示,公式、数据表格原位显示	√	√
	双视图对比浏览(图与全文、PDF 与全文、全文与全文)	×	√

续表

功能		网络版	客户端基础版
检索历史	保存、下载检索历史	×	√
自定义案例	保存检索项目	√	√
搜索过滤	自定义检索过滤条件	√	√
定制分类导航	搭建专题数据库	√	√
同族	同族过滤、同族合并、同族转换	√	√

表1-2-2 客户端各版本功能对比表

高级功能		客户端基础版	客户端运营版	客户端金融版
检索魔方	快速实现查新检索	√	√	√
普通分组	无限递进的分组，实现高自由度的字段组合，系统自动统计数据（分析的数据量有限制）	38个分组项分析	40个分组项分析、3个交易信息分组分析	40个分组项分析、3个交易信息分组分析
大数据分组	支持多层嵌套分组、模板分组，自动导出Excel统计表、Excel比较列表（分析的数据量无限制）	×	35个分组项自由组合变换分析、9个引用大数据分析	35个分组项自由组合变换分析、9个引用大数据分析、13个金融大数据分组分析
搜索分组	自定义检索式对专利集进行单次或批量分类	×	√	√
智能分组	利用智能语义对专利进行自定义分类	×	√	√
点位组分组	一键分析企业的专利布局、竞争布局、新技术布局	√	√	√
攻防分析	帮助用户分析竞争对手，寻找专利运营合作伙伴	×	√	√
自动发现系统	自动相关分析、自动新颖分析、自动侵权分析、自动引证分析、自动同族分析、自动雷区分析	×	√	√
智能浏览	浏览内容包括：技术路线分解、著录项分解、AC-附图浏览、TAC-说明浏览、全文对比浏览、全文对比浏览-图、全文对比浏览说明、首页等	√	√	√
智能关联	攻防分析	×	√	√
	关联竞争分析：自动梳理企业之间的相互引用关系	×	√	√

续表

高级功能		客户端基础版	客户端运营版	客户端金融版
智能导航	常用导航：一键生成分析专利情报	×	√	√
	引用关联导航：一键捕捉海量数据中的知识流向	×	√	√
	二元竞争关联导航：同时比较两组数据之间的竞争关系	×	√	√
	多元竞争关联导航：同时比较多组数据之间的竞争关系	×	√	√
	质量指标导航：通过质量评价指标对特定范围内的专利进行自动化分析和可视化呈现，一键实现	×	√	√
	技术导航：一键挖掘新技术新领域中的最新专利信息	×	√	√
	知识流动导航：分析企业之间创新流动人才情报；帮助代理机构及时发现流失客户，减少流失所带来的损失；一键实现	×	√	√
智能运营	最优商业价值专利挖掘器寻找潜在的技术转移方和专利买家	×	√	√
	最优技术价值专利挖掘器协助高校完成科研成果技术转移任务	×	√	√
	最优诉讼案源挖掘器	×	√	√
	最优专利代理匹配器	×	√	√
组合分析	专利集合逻辑运算、匹配运算、叉积运算、内积运算、对比运算等	×	√	√
功效矩阵分析	展现企业及竞争对手的技术密集区、技术零点区	×	√	√
竞争关联分析	自动梳理两个专利集合之间的引用、被引用关系，生成竞争关联分析图	×	√	√
数据透视表	自动生成数据透视信息，自定义变换数据透视表维度，透视隐藏在数据背后的情报	×	√	√
最后一公里	可以帮助企业、科研单位，无缝跨越IPR工程师与研发工程师间的专利信息鸿沟，最终实现文献浏览体验，助力研发工程师快速掌握复杂的专利技术	×	√	√

续表

高级功能		客户端基础版	客户端运营版	客户端金融版
数据可视化支持65+可视化图形	二维图：饼图、条形图、柱状图、折柱图、折线图、面积图、雷达图、环形图、南丁格尔图、漏斗图、质量图等，维度可自定义、自由变换	√	√	√
	高维图：气泡图、气泡图-1、气泡饼图、3d气泡图、关系图、关联图-p、多环图、多柱图、多柱图-1、多线图、堆叠柱状图、堆叠面积图、河流图、嵌套图、旭日图、桑基图、树状图等，高度自定义多维度出图分析	√	√	√
	特殊图：中国地图、世界地图、技术仿真图、仿真图、质量仿真图、和弦图、技术演进图、周期图、专利名片、树型图等，特定分组结构，任意变换结构中分析维度	√	√	√
	多类统计内容：专利数量、专利度、特征度、引用、被引用、同族、质量、自定义数据分析模型	√	√	√
	图表自定义钻取	√	√	√
	思维导图/脑图	√	√	√
	一键导出当前图形分析报告（PPT、Word）、高清图、二维码分享图形	√	√	√
瀑布流式快速浏览专利	专利摘要、独立权利要求、全文附图等著录项目详细以瀑布式网页呈现，是专利快速浏览筛选首选方式	√	√	√
专利簇	专利引用、被引用、同族以及同族引用、同族被引用（5项可以自定义勾选），以簇的形式结构化呈现	√	√	√
同族处理器	同族合并、同族扩展、同族排序等	√	√	√
搜索裁剪器	搜索过程中对数据的逻辑运算、传输、保存	√	√	√
缓存列表	数据结果快速运算，导出、快速存储分析结果	√	√	√
专利标引	机器智能标引、人工快速标引、标引数据导入与导出、标引数据分析、标引数据重复使用与扩充	√	√	√

续表

高级功能		客户端基础版	客户端运营版	客户端金融版
排序	可根据专利或子节点信息排序	√	√	√
	普通排序：A－Z、Z－A、字数、数量、PN、申请日	√	√	√
	高级排序：被引用、被自引用、被非自引用、被引用公司、被引用国家、同族、同族国家、专利图、特征图、颜色、标签、等级、用户数据等	√	√	√
	BINGO ON 多指标排序，寻找重点专利	√	√	√
	大数据排序：计数（升、降序）、字数、被引用、有效、无效、公开、驳回、撤回、发明期等	×	√	√
本地界面	本地界面中的检索结果快速浏览，统计、筛选、二次检索、排序、保存	√	√	√
数据清洗	支持申请人、发明人等多维度数据自动清洗	√	√	√
标记	可标记节点和专利：标记颜色、标记基础专利、标记多等级、等级重命名、清空标记	√	√	√
分类器节点	新建、删除、重命名节点、复制、移除、移动、插入、合并、运算、标记	√	√	√
	节点攻防分析	×	√	√
节点下专利	搜索（语义）、公开号搜索、重排序、图片浏览、多篇图片对比、虚拟引用、复制	×	√	√
	专利价值计算	×	√	√
专利质量控制	分析"非正常申请"的专利	×	√	√
	批量扫描出"非正常申请"的专利	×	√	√
金融分析模块	投资组合计算：专利价值计算、行业价值计算、竞争价值计算、专利价值排序	×	×	√
	股票指数计算：股票专利价值计算、行股票业价值计算、竞股票争价值计算、股票专利价值排序	×	×	√
	金融数据加载、金融数据排序	×	×	√
	专利价值谱	×	×	√
专利挖掘	专利地图、技术词扩展联想、地图对比分析、高价值专利挖掘	√	√	√

1.3 Patentics 界面

1.3.1 微信小程序界面

登录后的微信小程序初始界面如图 1-3-1 所示，上方区域①为搜索框，下方区域②为导航栏，导航栏下方为标签栏，包括多个页面：检索页面、分析页面、收藏页面、地图页面以及个人页面。在个人页面进行登录注册后，即可开始检索；在搜索框输入检索内容获得检索结果后，界面如图 1-3-2 所示。区域③为浏览区域，显示专利列表，用户可点击相应的专利进行全文浏览。由于**微信小程序、网络版、客户端的检索原理均相同**，微信小程序与网络版界面设计一脉相承，因此，本书不对微信小程序产品的操作进行单独介绍。

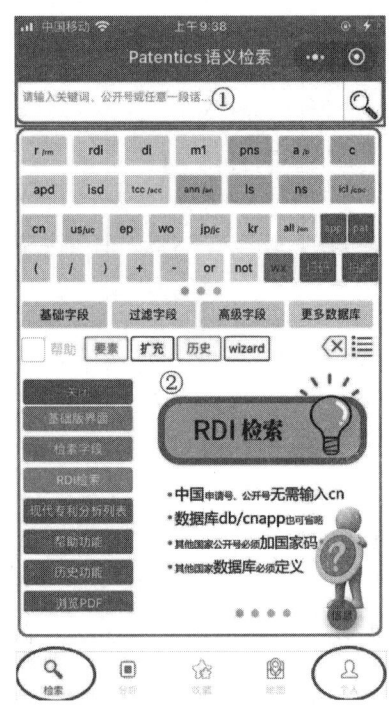
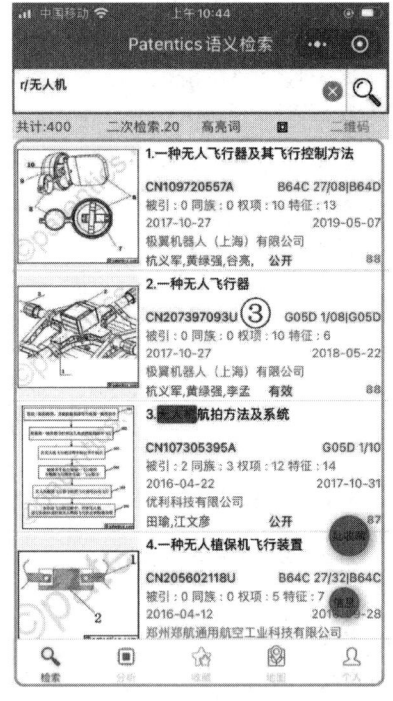

图 1-3-1 Patentics 微信小程序初始界面　　图 1-3-2 Patentics 微信小程序浏览界面

1.3.2 网络版界面

网络版登录后的初始界面如图 1-3-3 所示，上方区域①为搜索框，下方左侧区域②为导航栏。导航栏包括 3 个页面：数据库选择页面、数据分析页面和功能菜单页面；

导航栏右侧有几种检索模式的入口,包括:语义检索模式、简单检索模式、表格检索模式和批量检索模式。

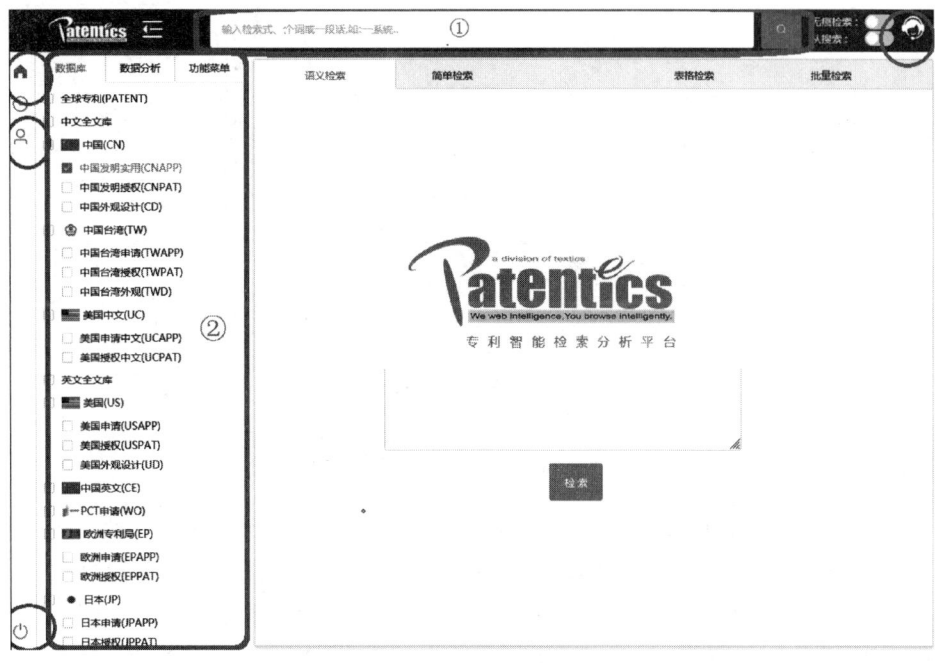

图1-3-3　Patentics网络版初始界面

在网络版搜索框输入检索内容获得检索结果后,页面如图1-3-4所示。区域③为浏览区域,显示专利列表,用户可点击相应的专利,调用浏览器窗口进一步详细地浏览。具体调用方法将在第3章详细介绍。页面上方"Patentics"图标右侧的箭头图标是全屏显示的展开按钮,可以隐藏左侧的导航栏,进一步展开浏览区域,如图1-3-4所示。

图1-3-4　Patentics网络版浏览界面

图 1-3-4　Patentics 网络版浏览界面（续）

网络版页面的右上方头像图标为客服按钮，当用户在系统使用方面遇到任何问题时，都可以通过点击该按钮呼叫 Patentics 在线客服获得实时帮助。在使用过程中，需要返回至初始状态的首页时，点击最左侧边栏上方的"首页"按钮；使用结束后，点击最左侧边栏下方的"注销"按钮退出系统，如图 1-3-3 所示。点击"首页"与"注销"之间的人形图标，进入个人中心，如图 1-3-5 所示，可进行密码修改、账号续费等操作。系统目前支持以日、周、月、年为期的多种续费方式。

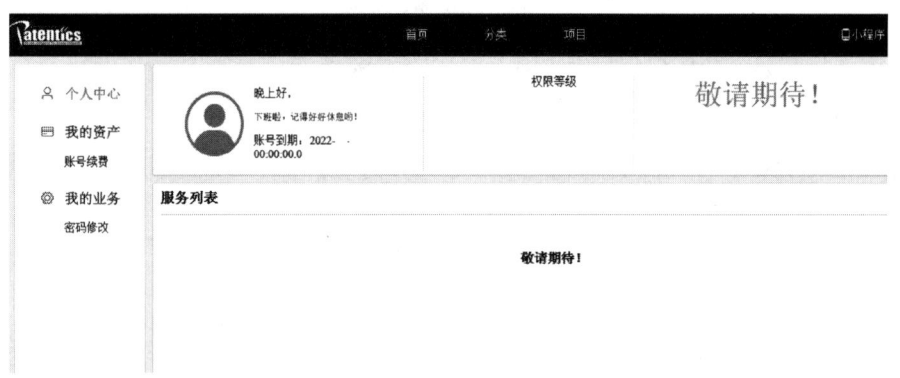

图 1-3-5　Patentics 网络版个人中心

1.3.3　客户端界面

客户端登录后的初始界面如图 1-3-6 所示，上方区域①为菜单栏；下方窗口左侧区域②为导航栏，包括两个页面：数据库选择页面和搜索统计页面；导航栏右侧为显示区域分为左右两个子窗口，左侧子窗口上方区域为搜索框，功能和操作方法与网络版一致；两个子窗口最下方为标签栏，左侧标签栏设有 7 个页面，右侧标签栏有 6 个页面。

客户端中,点击界面上方右侧的用户名即可进行密码修改,点击搜索框上方的"客服"按钮可以呼叫在线客服,如图1-3-7所示。

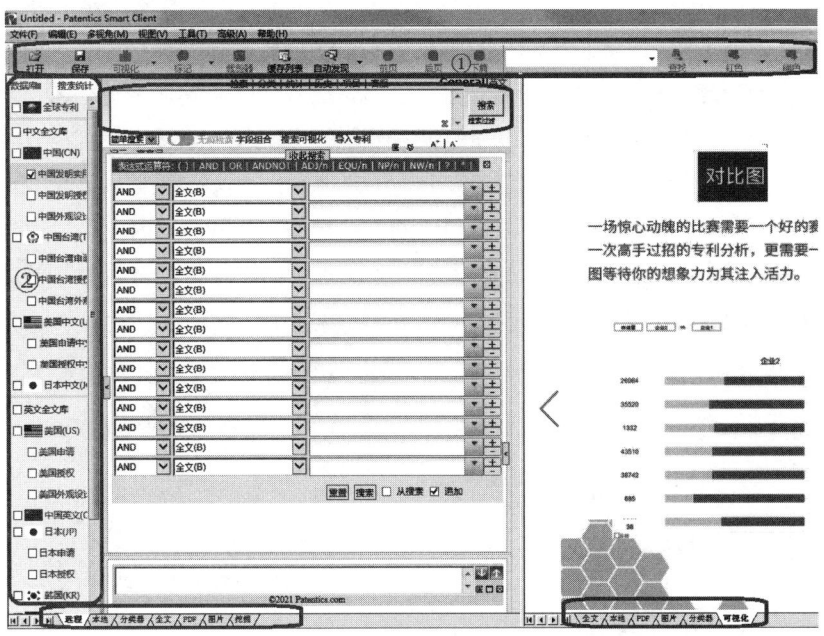

图1-3-6　Patentics客户端初始界面

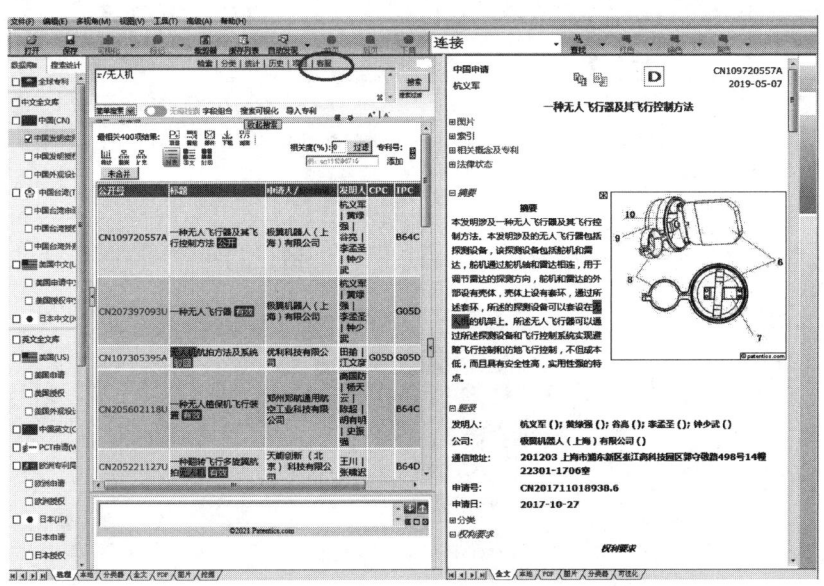

图1-3-7　Patentics客户端浏览界面

在搜索框输入检索内容获得检索结果后,界面如图1-3-7所示。左右子窗口为浏览区域,左侧子窗口独有的"远程"页面显示专利列表。"远程"页面顾名思义,该页面的操作均在服务器中,因此与网络版相同,是将网络版检索界面嵌入客户端。点击"远程"页面中相应的专利号,在右侧子窗口"全文"页面显示对应的专利全文,"PDF"页面显示对应专利的 PDF 文件,"图片"页面显示对应专利的附图;"全文""PDF""图片"三个页面在左右子窗口中都有,可以实现对比浏览,具体将在第 3 章第 3.3.2 节介绍。"本地"页面,是将专利数据导入本机中操作,具体将在第 3 章第 3.3.4 节介绍。"分类器"是 Patentics 系统重要的专利数据处理工具,具体将在第 3 章第 3.3.3 节以及第 4 章重点介绍。右侧子窗口独有的"可视化"页面用于专利分析的可视化显示,具体将在第 4 章第 4.3 节介绍。左侧最后一个标签"挖掘"页面是专利地图操作页面,界面设置与操作方法均与网络版专利地图相同,是将网络版专利地图嵌入客户端。网络版专利地图具体操作方法将在第 4 章第 4.5.2 节介绍。需要说明的是,客户端左右侧子窗口面积是可调的:当进行专利浏览时,可以适当向右拖拽分隔框增大左侧远程页面窗口面积,如图 1-3-8 所示;当进行专利分析时,可适当向左拖拽分隔框增大右侧可视化页面窗口面积,如图 1-3-9 所示。

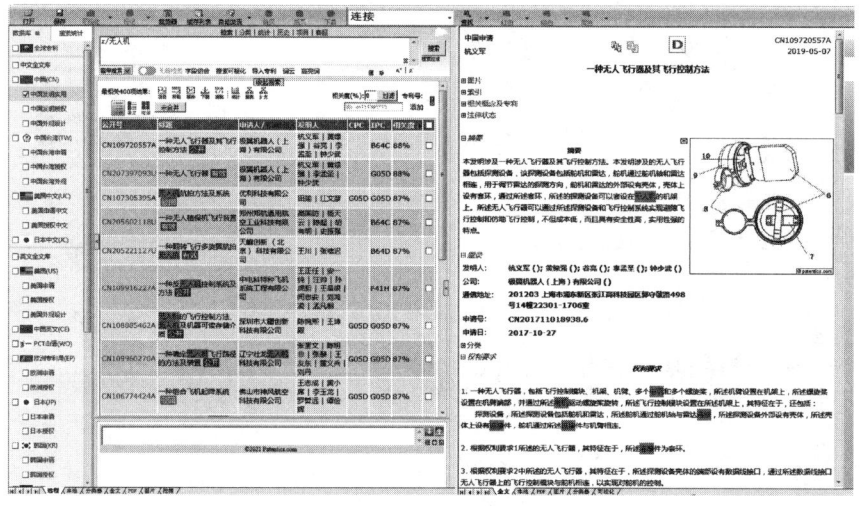

图 1-3-8　Patentics 客户端增大左侧子窗口

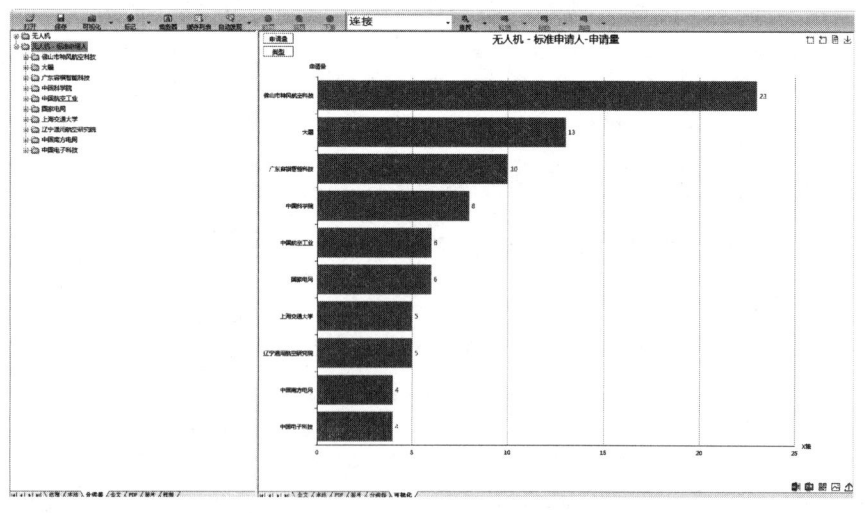

图 1-3-9　Patentics 客户端增大右侧子窗口

第 2 章
专利检索

当今专利行业从业者面对海量的专利数据,检索已越来越具有挑战性。Patentics 使得专利检索变得简单、轻松和"平民化",检索人员不需要查阅大量背景资料就可以高效率地检索到满足需求的专利。需要说明的是,由于 Patentics 的语义模型是在不断更新的,其检索结果也会发生相应的变化,但是基于语义检索原理的检索方法是不变的,本章实例仅用于讲解操作方法。

2.1 检索基础

Patentics 系统不仅提供传统的布尔检索,还实现了智能语义检索,以及语义与布尔相结合的检索方式,即人工干预检索。Patentics 检索式的构成逻辑与传统布尔检索的检索式相似,原则上,**所有字段算符均不区分大小写,均采用英文半角输入法**。

2.1.1 数据库

(1) 原始数据库

没有全面的数据作为基础,再好的搜索引擎也无法检索出准确全面的结果。Patentics 系统目前收录了世界主要国家和地区的知识产权组织的专利数据库,具体数据库信息参见表 2-1-1。全文数据库包括:中国、美国、日本、韩国、WIPO、EPO 以及中国台湾专利库等;世界各主要国家和地区摘要数据库包括 100 多个国家和地区,具体参见表 2-1-2;还有中国、美国外观设计数据库。此外,Patentics 还整合了中国硕士和博士论文、中国科技期刊库、专利诉讼库、ETSI、3GPP 标准库。

表 2-1-1 Patentics 数据库总量表(统计日期 2021 年 5 月)

专利类别	语言	数据内容									更新频率	公开(公告)日	专利总量/件
		著录信息	摘要	全文	附图	PDF	全文翻译	法律状态	引证信息	同族信息			
中国	发明申请	简体中文	√	√	√	√	√	英文	√	√	√	周更新	1985~2021 年	12744554
	发明授权	简体中文	√	√	√	√	√		√		√	周更新	1985~2021 年	4343348
	实用新型	简体中文	√	√	√	√	√	英文	√	√	√	周更新	1985~2021 年	13125636
	外观设计	简体中文	√	√	√	√	√		√	√	√	周更新	1985~2021 年	6513687

续表

专利类别		语言	数据内容								更新频率	公开（公告）日	专利总量/件
			著录信息	摘要	全文	附图	PDF	全文翻译	法律状态	引证信息	同族信息			
美国	发明申请	英文	√	√	√	√	√	中文	√	√	√	周更新	2001~2021年	6466770
	发明授权	英文	√	√	√	√	√	中文	√	√	√	周更新	1956~2021年（全文自1971年）	7352584
	外观设计	英文	√	√	√	√			√	√	√	周更新	2001~2021年	479848
WIPO		英文	√	√	√	√	√			√	√	月更新	1978~2021年	3942549
欧洲	申请	英文	√	√	√	√				√	√	月更新	1978~2021年	3738058
	授权	英文	√	√	√	√	√			√	√	月更新	1980~2021年	1953497
日本	申请	英文	√	√	√	√	√	中文		√	√	月更新	1968~2021年（全文自1993年）	18010915
	授权	英文	√	√	√	√	√			√	√	月更新	1913~2021年（全文自1994年）	7301768
韩国	申请	英文	√	√	√	√		中文		√	√	月更新	1980~2021年	3495986
	授权	英文	√	√	√	√				√	√	月更新	1970~2021年（全文自1979年）	2437265
中国台湾	申请	简体中文	√	√	√					√	√	月更新	2003~2021年	743891
	授权	简体中文	√	√	√					√	√	月更新	1954~2021年（全文自1991年）	1367329
	外观	简体中文	√	√						√	√	月更新	2004~2021年	97315
德国		英文	√	√	√					√	√	月更新	1877~2021年（全文自1980年）	7106321

续表

专利类别	语言	数据内容								更新频率	公开（公告）日	专利总量/件
		著录信息	摘要	全文	附图	PDF	全文翻译	法律状态	引证信息	同族信息			
印度	英文	√	√	√					√	√	月更新	1883~2021年	581797
英国	英文	√	√	√					√	√	月更新	1782~2021年（全文自1980年）	3742679
法国	英文	√	√	√					√	√	月更新	1855~2021年（全文自1981年）	3170093
加拿大	英文	√	√	√					√	√	月更新	1863~2021年（全文自1978年）	2899405
西班牙	英文	√	√	√					√	√	月更新	1827~2021年（全文自2004年）	1844627
俄罗斯	英文	√	√	√					√	√	月更新	1980~2021年（全文自1992年）	1373336
荷兰	英文	√	√	√					√	√	月更新	1913~2021年（全文自1980年）	482678
芬兰	英文	√	√	√					√	√	月更新	1842~2021年（全文自1980年）	444919
丹麦	英文	√	√	√					√	√	月更新	1895~2021年（全文自1980年）	556579
卢森堡	英文	√	√	√					√	√	月更新	1933~2021年（全文自1980年）	53449
其他国家和地区	英文	√	√						√	√	月更新	1856~2021年	7106321

表2-1-2 DOCDB全球摘要库与前述全文库去重后包括106个国家和地区

序号	国家和地区代码	国家和地区名称	序号	国家和地区代码	国家和地区名称
1	AE	阿拉伯联合酋长国	35	FR	法国
2	AM	亚美尼亚	36	GB	英国
3	AP	非洲地区工业产权组织（ARIPO）	37	GC	海湾地区阿拉伯国家合作委员会专利局（GCC专利局）
4	AR	阿根廷	38	GE	格鲁吉亚
5	AT	奥地利	39	GR	希腊
6	AU	澳大利亚	40	GT	危地马拉
7	BA	波黑	41	HK（CN）	中国香港
8	BE	比利时	42	HN	洪都拉斯
9	BG	保加利亚	43	HR	克罗地亚
10	BH	巴林	44	HU	匈牙利
11	BR	巴西	45	ID	印度尼西亚
12	BY	白俄罗斯	46	IE	爱尔兰
13	CA	加拿大	47	IL	以色列
14	CH	瑞士	48	IN	印度
15	CL	智利	49	IS	冰岛
16	CN	中国	50	IT	意大利
17	CO	哥伦比亚	51	JO	约旦
18	CR	哥斯达黎加	52	JP	日本
19	CS	捷克	53	KE	肯尼亚
20	CU	古巴	54	KG	吉尔吉斯斯坦
21	CY	塞浦路斯	55	KR	韩国
22	CZ	捷克	56	KZ	哈萨克斯坦
23	DE	德国	57	LT	立陶宛
24	DK	丹麦	58	LU	卢森堡
25	DO	多米尼加共和国	59	LV	拉脱维亚
26	DZ	阿尔及利亚	60	MA	摩洛哥
27	EA	欧亚专利组织（EAPO）	61	MC	摩纳哥
28	EC	厄瓜多尔	62	MD	摩尔多瓦共和国
29	EE	爱沙尼亚	63	ME	黑山
30	EG	埃及	64	MN	蒙古
31	EM	欧盟知识产权局（EUIPO）	65	MO（CN）	中国澳门
32	EP	欧洲专利局（EPO）	66	MT	马耳他
33	ES	西班牙	67	MW	马拉维
34	FI	芬兰	68	MX	墨西哥

续表

序号	国家和地区代码	国家和地区名称	序号	国家和地区代码	国家和地区名称
69	MY	马来西亚	88	SM	圣马力诺
70	NI	尼加拉瓜	89	SU	苏联
71	NL	荷兰	90	SV	萨尔瓦多
72	NO	挪威	91	TH	泰国
73	NZ	新西兰	92	TJ	塔吉克斯坦
74	OA	非洲知识产权组织（OAPI）	93	TN	突尼斯
75	PA	巴拿马	94	TR	土耳其
76	PE	秘鲁	95	TT	特立尼达和多巴哥
77	PH	菲律宾	96	TW（CN）	中国台湾
78	PL	波兰	97	UA	乌克兰
79	PT	葡萄牙	98	US	美国
80	RO	罗马尼亚	99	UY	乌拉圭
81	RS	塞尔维亚	100	UZ	乌兹别克斯坦
82	RU	俄罗斯	101	VN	越南
83	SA	沙特阿拉伯	102	WO	WIPO
84	SE	瑞典	103	YU	南斯拉夫
85	SG	新加坡	104	ZA	南非
86	SI	斯洛文尼亚	105	ZM	赞比亚
87	SK	斯洛伐克	106	ZW	津巴布韦

（2）加工数据库

Patentics 数据库按语言可以分为中文库与英文库。其中，中文库除包括中国专利、中国台湾专利、中国外观设计等原始中文数据库以外，还包括美国、日本、EPO、韩国专利的中文翻译库；英文库除包括美国专利、PCT、美国外观设计等原始英文数据库以及全球摘要库以外，还包括中国、日本、EPO、韩国、德国、印度、法国、加拿大、西班牙、俄罗斯、荷兰、芬兰、丹麦、卢森堡专利的英文翻译库。

可见，**Patentics** 通过对原始数据库的自动翻译，实现了一个检索式即可检索全球专利库；同时，还实现了中、美、日、欧、韩五局专利的中英文互通检索。

2.1.2 检索字段

专利文献的信息涵盖很多内容，既包含基础的专利文献信息，例如申请/公开信息、相关人信息，也包括与专利文献相关的一些关联信息，例如法律状态等。Patentics 系统通过对同一类型的信息赋予同一"字段"，实现各类信息的检索。Patentics 与传统布尔检索均通过布尔算符将检索内容连接起来，只是 Patentics 提供更多的字段实现了更多内容的可检索性。

Patentics 系统常用字段及表达方式参见表 2-1-3，更多字段可访问查看网页 http://www.patentics.com/web/product/sc/s4.htm。但该网页未对字段类型进行分类，使用过程中查询推荐点击 Patentics 网络版功能菜单中的"字段表"按钮，位置如图 2-1-1 所示。

图 2-1-1　Patentics 网络版字段表入口

表 2-1-3　Patentics 系统常用字段

字段	名称	专利库	检索示例	说明
R/	语义排序	需选库	B/手机 and R/cdma 先检索出关键词包含"手机"的专利，再对检索结果按照与"cdma"语义的相关度进行排序	根据输入的词、句子、段落、文章或者专利号（输入专利等于输入专利全文）意思，对检索结果进行排序，优先级低于布尔检索命令
RDI/	新颖性语义排序	需选库	RDI/CN1234567 等于 R/CN1234567 and DI/CN1234567	仅对公开日（或 PCT 公开日）在本专利申请日前的专利进行语义排序
RM/	多库语义排序	无视选库	RM/CN1234567 或 RM/无人机	同时对中国、中国台湾、美国、EPO、日本、韩国、WIPO、中国英文翻译库，美国中文翻译库专利进行语义排序，各取相关度最高的前 20 位
C/	概念检索	需选库	B/手机 and C/cdma 先检索出与"cdma"语义最相关的 400 件专利，从其中筛选出关键词包含"手机"的专利	后跟专利号、词、词组、语句或文章，获得与输入概念相关的专利，俗定输出最相关前 400 件
B/	关键词	需选库	B/手机 或 B/((磁盘 or 硬盘) and 网络)	全文关键词检索，包括专利文献所有文字

续表

字段	名称	专利库	检索示例	说明
PN/	专利号	无视选库	PN/US34567890 或 PN/CN101578778 或 PN/CN103156000B	Patentics 系统为统一世界各国家或地区专利，采用公开号显示，专利号指的是公开号、公布号
APN/	申请号	需选库	APN/CN201310116892.7 或 APN/CN201310116892	申请号检索可以忽略下圆点后的数字（必须为申请号）
PNS/	多专利号	无视选库	PNS/CN103477656 CN103477614 CN103477694	检索一组专利号，每个专利号之间用空格隔开
			中文翻译库需在号码后加_CN 例如：PNS/US2010000001_CN	
			英文翻译库需在号码后加_EN，例如：PNS/CN1234567_EN	
APD/	申请日	需选库	时间格式：YYYYMMDD YYYYMM YYYY	申请日检索字段，为一时间或者时间段，取申请日在该时间或者时间段的专利
			R/computer and APD/20021011（日）	
			R/computer and APD/200210（月）	
			R/computer and APD/2002（年）	
			R/computer and APD/2000－2010，R/computer and APD/200012－201005（时间段）	
			APD/lastNdays	
ISD/	公开日	需选库	时间格式：YYYYMMDD YYYYMM YYYY	公开日检索字段，为一时间或者时间段，取公开日在该时间或者时间段的专利
			R/computer and ISD/20021011（日）	
			R/computer and ISD/200210（月）	
			R/computer and ISD/2002（年）	
			R/computer and ISD/2000－2010，R/computer and ISD/200012－201005（时间段）	
			ISD/lastNdays	
TTL/	标题	需选库	TTL/cdma 或 TTL/(制冷 and 智能)	专利标题包含的关键词
ABST/	摘要	需选库	ABST/cdma 或 AB/cdma	专利摘要包含的关键词，可以缩写为 AB/
ACLM/	权利要求	需选库	ACLM/cdma	专利权利要求包含的关键词
A/	组合检索	需选库	A/cdma = TTL/cdma or ABST/cdma or ACLM/cdma	标题或摘要或权利要求中含有的关键词

续表

字段	名称	专利库	检索示例	说明
AN/	申请人	需选库	AN/SAMSUNG ELECTRONICS 或 AN/SAMSUNG AN/索意互动（北京）信息技术有限公司	申请人名称关键词检索（公司全称）
IN/	发明人	中国库	IN/王小明	发明人检索
ANN/	标准化申请人	需选库	方式一：ann/亚马逊 and db/patent 方式二：ann/amazon and db/patent 亚马逊在美国的专利：ann/amazon and db/us 亚马逊在中国的专利：ann/amazon and db/cn 亚马逊在日本的专利：ann/amazon and db/jp 亚马逊在韩国的专利：ann/amazon and db/kr 亚马逊在WO的专利：ann/amazon and db/wo 亚马逊在欧洲的专利：ann/amazon and db/ep	标准化申请人检索，针对集团公司类型作整体标准化，就是系统已经把一个公司（集团）所有名字的各种语言、各种写法和所有子公司自动关联在一起，定义成一个标准的公司，只要输入一个公司名字，就会把这个公司的所有专利全部检索出来
LREP/	代理	需选库	LREP/北京市柳沈律师事务所 或 LREP/柳沈	代理人、代理公司检索
ICL/	国际分类	需选库	ICL/H04N 5/232	国际分类号检索
IPC/	国际分类	需选库	IPC/H04N 5/232	国际分类号检索，等同于ICL

2.1.3 布尔运算

（1）逻辑算符

在检索式中，算符用于将两个检索项连接起来，表示这两个检索内容之间的特定逻辑运算关系。复杂检索式的构建往往离不开算符，Patentics 提供了5种逻辑算符，具体参见表2-1-4。

表2-1-4 Patentics 系统逻辑算符

算符	示例	解析
AND	S1 AND S2	"与"运算，表示求S1与S2的交集
OR	S1 OR S2	"或"运算，表示求S1与S2的并集

续表

算符	示例	解析
ANDNOT	S1 ANDNOT S2	"非"运算（去除），表示从 S1 中去除与 S2 相同的部分
( )	ICL/F24F OR (A/空调 AND A/加湿)	"优先"运算，表示先运算（A/空调 AND A/加湿），再与 ICL/F24F 进行"或"运算
" "	TTL/"electric control box"	"整体短语"运算，表示将 electric control box 整体视为一个短语去检索

（2）位置算符

位置算符是表达两个或多个检索项之间位置紧密关系程度的算符。Patentics 系统提供 7 种位置算符，包括邻近算符与同句及同段算符，具体参见表 2-1-5。在 Patentics 系统中所有的实词、虚词（介词、冠词等）以及标点符号、特殊字符（数字、"%"、"。"等）均被读取为一个单词。

表 2-1-5 Patentics 系统位置算符

算符	示例	解析
adj	b/"word1 adj/3 word2"	区分位置的邻近算符，表示 word1 和 word2 间距小于等于 3 个字，且 word1 在 word2 之前
adjn	b/"word1 adjn/3 word2"	不区分位置的邻近算符，表示 word1 和 word2 间距小于等于 3 个字，前后位置可互换
equ	b/"word1 equ/3 word2"	区分位置的邻近算符，表示 word1 和 word2 间距等于 3 个字，且 word1 在 word2 之前
nw	b/"word1 nw word2"	区分位置的同句算符，表示 word1 和 word2 在同一句中，且 word1 在 word2 之前
nwn	b/"word1 nwn word2"	不区分位置的同句算符，表示 word1 和 word2 在同一句中，前后位置可互换
np	b/"word1 np word2"	区分位置的同段算符，表示 word1 和 word2 在同一段中，word1 在 word2 之前
npn	b/"word1 npn word2"	不区分位置的同段算符，表示 word1 和 word2 在同一段中，前后位置可互换

（3）通配符

通配符是专利检索中提高查全率所通常采用的一种检索手段。采用通配符在检索要素的适当位置替代零至多个字符，从而在形式上达到全面表达检索要素的目的。Patentics 系统提供了 4 种通配符，具体参见表 2-1-6。应注意的是，通配符仅限于采用英文关键词检索时使用，并且不能替代首字母。

表 2-1-6　Patentics 系统通配符

算符	示例	解析
?	te? t	单字符替换，可在任意位置，表示"text"或"test"
$	box $ 或 box $ s	0～1 字符替换，可在任意位置，表示"box"或"boxes"
*	test *	0～n 字符替换，可在任意位置，表示"test"或"tests"或"tester"
~	road ~	模糊搜索，表示与 road 拼写相似的词，如"load"或"read"

（4）其他算符

由于更新过快，Patentics 还有一些在字段表中没有介绍的特色算符。例如，频率算符"fre"：检索式"fre/5/hit/a/cdma"，表示在 a/字段下检索不少于 5 个关键词 cdma 的专利，其中 a/cdma 表示在摘要、标题、权利要求中查找 cdma，hit/表示限定在哪个检索域检索，fre/5 表示频率为 5。数值算符："per"百分比、"ph"酸碱度、"wt"重量、"bir"比特、"byr"字节、"hz"赫兹、"vol"体积、"siz"长度，检索式"b/per/30-100"表示检索全文包含百分比在 30 至 100 之间数值的文献，检索式"ttl/ph/2-68"表示检索标题中包含 pH 在 2 到 68 之间数值的文献。

2.1.4　分类查询

作为日常检索的常用工具，Patentics 网络版提供 5 种分类体系的查询功能，包括 IPC 分类、CPC 分类、FI 分类、洛迦诺分类，以及国民经济分类，均为中文版本，可点击"功能菜单"中"分类查询"按钮进入，位置如图 2-1-2 所示。

图 2-1-2　Patentics 网络版分类查询入口

进入网络版分类查询器，页面左侧是分类列表，右侧可以根据关键词查询分类号。用户可以点击左侧三角展开分类表树状结构图进一步查询分类表，也可以勾选左侧分类表的相应部分,在右侧输入框中输入特定关键词,点击"查找",系统会给出该关键词相应的分类位置,如图 2-1-3 所示。

图 2-1-3　Patentics 网络版分类查询功能

分类查询器与主页面搜索框是联动的。当确定选择相应的分类号进行检索时,勾选左侧分类表相应的分类号,点击"用勾选项检索"按钮(如图 2-1-3 所示),即可在主页面搜索框中自动生成相应的分类号检索式(如图 2-1-4 所示)。

图 2-1-4　Patentics 网络版分类查询器与搜索框联动

客户端用户查询分类号可通过点击主搜索框上方的"分类"按钮,如图 2-1-5 所示。Patentics 客户端提供包括 UC 分类、IPC 分类、CPC 分类、FI 分类、洛迦诺分类,以及国民经济分类,均为中文版本。分类表为树状结构,同样可以点开进一步查询,在右侧输入框中同样可以输入特定关键词,系统会给出该关键词相应的分类位置。

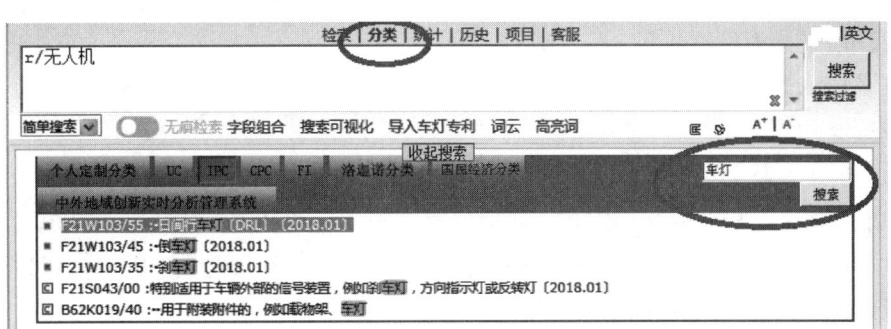

图 2-1-5　Patentics 客户端分类查询功能

2.2 语义检索

很多用户认识 Patentics 都是从语义检索开始。关于 Patentics 的智能语义检索功能，用户只需要输入一个词语、一句话、一个专利号，甚至是一篇文章，系统自动提取语义，只要含义相同的专利就会呈现给用户，而不必考虑专利文献中是否包含了该检索词。传统检索的检索结果是专利文献是否命中，而 Patentics 语义检索呈献给用户的是专利文献的相关度。

2.2.1 语义检索基本原理

（1）语义检索原理概述

Patentics 中语义检索的基础字段为 R/，更多语义字段参见第 2.2.4 节介绍，其中 R 即是 Rerank 的缩写，也就是排序的意思。根据 Patentics 的官方介绍，**语义检索本质上并非检索，而是语义排序**。语义排序只负责排序，不负责检索。用户可以理解为，当检索结果数据过多看不过来的时候，系统自动按照优先级排出顺序。

如同按申请日、公开日对专利文献进行重新排序，语义排序就是按语义相关度对专利文献进行重新排序。不同的是，申请日、公开日自身带有时间的先后顺序，很容易就可以排序，而语义相关度却没有简单固定的标准去衡量。但随着数学理论和计算机技术的发展，大数据、自然语言处理以及机器学习技术已经可以支持利用数学模型和大算力计算机对海量的专利文本学习建模，从而将同类语言的专利文本"放入"同一个语义坐标系中对比运算，去衡量它们之间的语义相关度。语义坐标系不同于申请日、公开日仅有时间这一个维度，甚至有上百万个维度，每件专利都与其中的上万个维度相关。

这样的大数据运算和机器学习的最终效果就是，用户可以仅输入一个关键词、一段话或一个专利号码，Patentics 就可以按照用户给定的内容对海量的专利文献进行重新排序，将最相关的专利文献排在最靠前的位置，使得越往后相关度越低，因此，用户可以更高效地获取目标文献。

（2）语义模型检索步骤

根据 Patentics 的官方介绍，语义检索在进行 R/检索的执行过程中，模型运算大体可分为三步：

第一步，对整个专利数据库中每件专利文献自动抽取 n 个关键词，将每件专利都转变成一个由多个词构成的文档向量，然后使用这些大量的文档向量训练语义模型，将这些本在不同空间使用不同标尺衡量的向量都转换到相同的语义向量空间中，以便在同一个坐标系中去测量，使其具有可比性。

第二步，对用户输入的专利号或者文本进行检索，系统同样会对其抽取关键词，转换为一个文档向量；然后使用训练好的语义模型对其进行向量合成，将输入的内容也放在语义向量空间模型中。

第三步，将用户输入内容的文本向量与数据库中专利的文本向量进行向量运算，计算其与每件专利的相关度，最后按照相关度从高到低对数据库中的专利文献进行重新排序，就可以获得相关的专利文献。

语义检索的实际效果如何，一直是用户最为关注的问题。下面通过一个实例进行介绍。查看更多实例可登录 Patentics 网站或关注 Patentics 微信公众号。

案例 1

案例介绍：国家知识产权局第 50579 号无效宣告决定。关于北京握奇数据系统有限公司诉被告专利侵权一案，被告第一时间对北京握奇数据系统有限公司相关专利 CN200510105502.1 提起了无效宣告请求，最终该专利被国家知识产权局宣告部分无效。下面就看一下国家知识产权局认定公开其权利要求 1 关键技术的有效证据 CN1482550A。

案例检索：在 Patentics 中，勾选左侧数据库"中国发明实用"，检索框中仅输入"rdi/cn200510105502"，也就是被提起无效宣告请求的专利号，"RDI/"相当于"R/ and DI/"，表示语义检索其申请日前公开的相关中文专利文献，具体参见第 2.2.4 节介绍。可见，如图 2-2-1 所示，最右侧显示的是相关度百分比，排在检索结果列表第一位的专利相关度为 100%，是 CN200510105502.1 本身；排在第四位的 CN1482550A 相关度为 94%，即为无效宣告的关键证据。

图 2-2-1　CN200510105502.1 检索实例

2.2.2 语义检索详解

(1) 语义模型详解

经过前面的实例，读者一定好奇经过训练的语义模型是什么样的？下面通过举例呈现给大家。例如，在检索框中输入"R/机器学习"，点击搜索框下方工具栏中的"扩充"按钮，如图 2-2-2 所示，显示的是系统自动找出与其相关的概念词，并按词与词之间的相关性，聚类为 4 个主题。可以看到，主题一下面有"机器学习""机器学习技术""深度学习"等机器学习方面的词汇，主题二下面有"算法模型""朴素贝叶斯""决策树"等机器学习算法方面的词汇，主题三下面有"迁移学习""svm"等机器学习新算法词汇，主题四下面有"pac 学习理论""语义透明度"等机器学习原理方面的词汇。由此可见，这些词汇并非全是"机器学习"的同义词，而是相关性较高的词。

图 2-2-2 Patentics 语义相关词

基于相同的原理，在 R/后输入一个专利号，系统同样会找出与这件专利最相关的词汇。这相当于系统代替人工对这件专利进行了自动解读。

(2) 中英语义模型

根据前面的介绍，**虽然 Patentics 实现了中英文互检，但是以中文搜索与英文搜索的结果是不同的。这是因为 Patentics 基于中文库训练了一套中文语义模型，基于英文库训练了一套英文语义模型。**

在中文库中，输入 R/中国专利号，是以专利号背后的专利全文为语义的排序标准进行检索，而且是在中文库中检索，即中文搜索中文，使用的是 Patentics 中文语义模型，如图 2-2-3 所示。

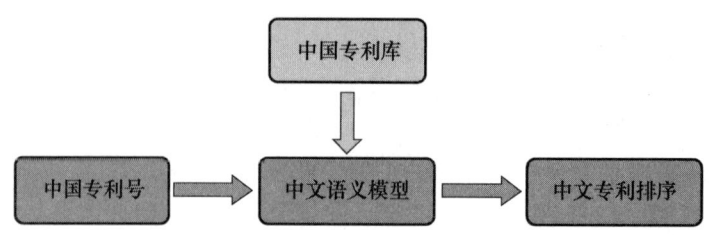

图2-2-3 Patentics中文语义模型

由于语系不同，不同语言之间是没有办法直接作语义检索的，因此，为了克服不同语言的障碍，Patentics将所有中文专利自动翻译为英文，与美国专利、EPO专利等英文专利一起放在同一个英文语义模型中学习。在英文库中，输入R/中国专利号，系统先将该中文专利翻译为英文，再以英文全文为语义的排序标准进行检索，即英文搜索英文，使用的是Patentics英文语义模型，如图2-2-4所示。反之亦然，在中文库中，输入R/美国专利号，系统先将该英文专利翻译为中文，再以中文全文为语义的排序标准进行检索，即中文搜索中文，使用的是Patentics中文语义模型。

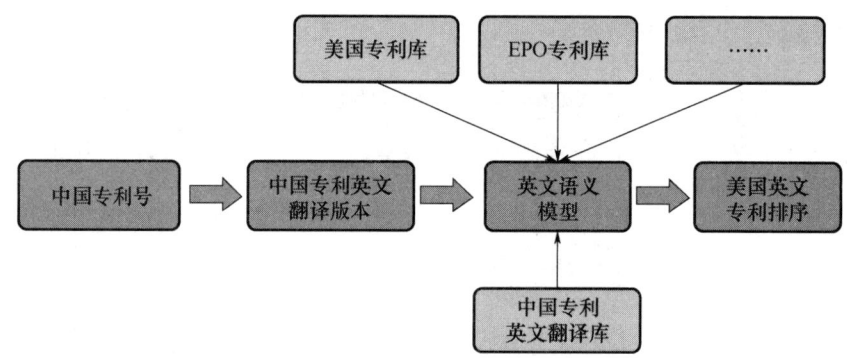

图2-2-4 Patentics英文语义模型

（3）中英语义模型实例

下面分别通过中英库实例介绍中英语义模型。查看更多实例可登录Patentics网站或关注Patentics微信公众号。

案例2

案例介绍：国家知识产权局第11364号无效宣告决定。关于正泰公司请求宣告施耐德专利CN02827747.3无效一案，最终该专利被国家知识产权局宣告全部无效。需要说明的是，该专利同时拥有美国同族US2005122117。下面就看一下国家知识产权局认定公开其关键技术的有效证据CN1207200A。

案例检索：在Patentics中，勾选左侧数据库"中国发明实用"，检索框中仅输入"rdi/cn02827747.3"，如图2-2-5所示，国家知识产权局认定的有效证据CN1207200A就在检索结果列表第四位。

第 2 章
专利检索

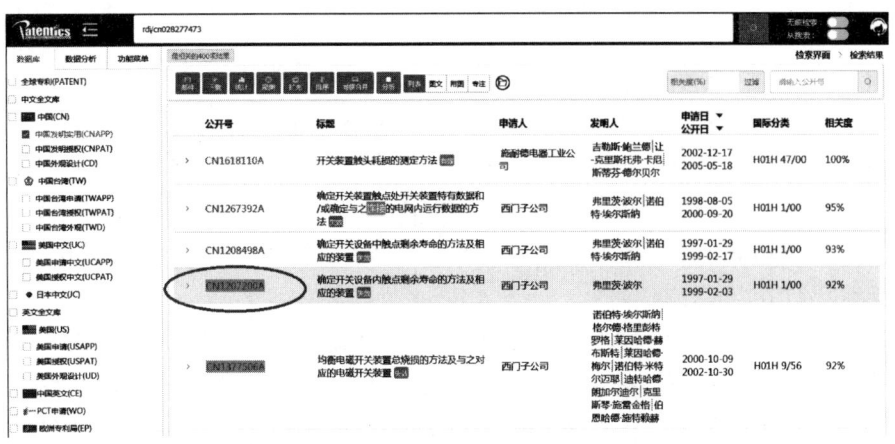

图 2-2-5　CN02827747.3 检索实例

在 Patentics 中，勾选左侧数据库"中国发明实用"，检索框中仅输入"rdi/us2005122117"，如图 2-2-6 所示，国家知识产权局认定的有效证据依然在检索结果列表前列，但是具体位置已经发生变化，位于第二位。

图 2-2-6　US2005122117 检索实例

2.2.3　人工干预检索

通过案例 1 可以看到，语义检索有时无需任何检索策略就可以获得专利无效的关键证据。但并不是每一件专利的语义检索结果都是这么理想的，**更多的时候，需要采用人工干预进行检索。**

由于专利文献的撰写差异，有的专利文献会着重过多地描述与本发明技术不相关的内容，系统自动提取关键词时出现理解偏差。进行人工干预，可以极大地修正这种偏差。对于有经验的本领域技术人员来说，采用人工干预检索模式可以显著提高检索效率。

人工干预就是采用语义检索与传统布尔检索相结合的方式。在此介绍两种典型的人工干预检索式，即"RDI/ and 分类号/""RDI/ and 关键词/"，其表示先用分类号或关键词检索出一个结果集，然后再对这个检索结果集按照 RDI/专利号的含义进行语义排序。排序不会改变结果集总量，结果集总量取决于布尔检索式的检索结果。当然，其他的检索字段均可与语义检索进行类似的运算，在此不再赘述。

常用关键词字段包括：A/表示在发明名称或摘要或权利要求中检索关键词，B/表示在全文中检索关键词（包括著录项目），TTL/表示在发明名称中检索关键词，AIM/表示在发明用途中检索关键词，检索区域为说明书描述解决技术问题或用途的段落，适用于中国发明及实用新型。

常用分类号字段包括：IPC/和 ICL/均为国际分类号字段，IPC/+还可以检索该分类号及其下位组的所有分类号，CPC/为联合分类号。需要说明的是，分类号检索并不限于分类查询器中所示分类，更多可检索分类号参见 Patentics 字段表中"分类"字段，如图 2-2-7 所示。

图 2-2-7　Patentics 分类字段

下面通过一个实例介绍人工干预检索。查看更多实例可登录 Patentics 网站或关注 Patentics 微信公众号。

案例 3

案例介绍：关于中国发明专利申请 CN2011101834134，查看审查过程可以看到其收到通知书后视撤，审查员给出一篇 X 类对比文件 CN1089060A。

案例检索：在 Patentics 中，勾选左侧数据库"中国发明实用"，检索框中输入"rdi/cn2011101834134"，在前 400 篇并没有发现该篇对比文件。然后，利用 Patentics 分类号统计功能，点击检索结果列表上方"统计"按钮，如图 2-2-8 所示。可以看到专利数量最多的前 10 位的 IPC 分类号，如图 2-2-9 所示，排序第一位的是 H01 H037（热动开关）这个分类。因此，使用"RDI/CN2011101834134 AND IPC/H01 H037"进行人工干预检索，在结果第 3 页可获取审查员采用的该篇 X 类对比文件。

图 2-2-8　CN2011101834134 检索实例

图 2-2-9　Patentics 分类号统计

2.2.4　语义检索说明

（1）检索操作说明

首先，如前所述，语义检索模型是基于全文的比对，因此，**Patentics 在所有的全文库中都可进行语义检索，但不能在摘要库中进行语义检索**。并且，语义检索基于算法与算力的配合，如果多个数据库一起检索，会导致数据量过大，因此，**语义检索原则上要在单库中检索**。

其次，当针对专利号检索时，既可以输入申请号，也可以输入公开号；既可以包含校验位，也可以不包含校验位，系统会自动补全。当针对语料（句子、一段话等）检索时，并不强制需要使用双引号把语料引起来，但是使用双引号引起来会帮助系统有效识别从而避免错误，因此推荐在语料检索时加上双引号。

最后，语义检索本质上是将用户输入的内容与用户选择的专利库中所有专利进行语义比对，按照相关度降序排列。根据大数据统计规律，排在第 400 位后的专利相关度已急剧下降，通常不具有浏览意义，因此，语义检索结果仅显示排位在前 400 位的文献。如果是针对检索策略进行研究，需要显示更多结果，则可结合 ctop/n 命令，n 是大于 0 的自然数，例如检索式"r/ and ctop/1000"，显示输出结果为 1000 项。

（2）语义字段说明

语义字段主要包括六种：R、RDI、RM、C、PAB、INF，均可与其他检索内容进行逻辑运算。下面对各字段的区别进行说明。

R/ 是最基础的语义字段，不仅可以对专利号进行语义检索，还可以对关键词、句子、段落甚至文章进行语义检索，是企业研发过程中或专利申请前，**没有专利号的情况**

下，普遍适用的语义检索字段。

RDI/ 是一个合并字段，相当于 "R/ and DI/"。其只能对专利号检索，是在 R/ 的基础上考虑待检专利的申请日（优先权日），表示在 R/ 计算的基础上限制公开日在本申请日（优先权日）之前的文献的语义排序，是针对具有专利号的专利文献普遍适用的字段，也是**审查员最常用的字段**。

RM/ 也是一个合并字段，对专利号、关键词均可检索，无需选库操作，是对中国、中国台湾、美国、EPO、日本、韩国、WIPO、中国英文翻译库、美国中文翻译库 9 个专利库同时进行语义排序，各库排序选取相关度最高的前 20 篇共 180 篇对比文件，是一个快速查找全球专利的便捷字段。该字段也可与其他检索内容进行运算，但因为基数有限，实际操作意义不大。

C/ 是概念检索字段，也可以对专利号、关键词、句子、段落甚至文章进行检索，区别于 B/ 与 R/。C/ 与 B/ 本质均为检索字段，是针对关键词的全文检索，然而有些专利不一定含有该特定关键词，但含义与其相近，因此关键词 B/ 检索会遗漏这些专利。C/ 是根据关键词的含义按照语义模型对所有专利进行相关度排序后，筛选出前 400 个；R/ 本质是根据语义进行排序，不是检索字段，不破坏检索本身。因此，当单独使用时，R/ 与 C/ 检索结果相同，但与其他检索内容一起运算时，检索结果则不同。具体例如 "R/手机 and B/汽车"，是先检索关键词 "汽车" 相关专利集合，再按照 "手机" 语义规则对该集合进行排序，其结果数量取决于 "B/汽车" 专利集合的检索结果；"C/手机 and B/汽车" 是按语义先检索 "手机" 前 400 个，再与关键词 "汽车" 相关专利集合进行 "与" 运算，取交集，因此，其结果必然小于 400 个。

PAB/ 对专利号检索，是在 R/ 计算的基础上对申请日在本专利公开日之前的文献的语义排序，区别于 RDI 字段。

INF/ 是侵权分析字段，对专利号检索，自动选取申请日在本专利公开日之后与本专利最相关的前 400 个。

2.3　检索应用

在这个数据爆发的时代，语义检索是未来发展的趋势已得到广泛的认同。但由于各种原因，听说 Patentics 很强大，但是看不懂、不会用，已成为目前的普遍问题。Patentics 现已开发多种检索模式，**搜索框模式是最通用的模式，能够发挥系统的所有功能，也是建议 Patentics 的用户务必掌握的检索模式。**

2.3.1　检索模式

（1）搜索框模式

搜索框模式是 Patentics 系统最主要的检索模式，采用字段命令式检索。首先勾选左侧相应的数据库，然后点击搜索框，常用检索字段及表达方式的下拉菜单会自动浮出，如图 2-3-1 所示。选择相应的字段并输入检索式，点击搜索框右侧蓝色"检索"按钮或单击 Enter 键，即可执行检索式。另外，本书所提及的颜色为 Patentics 系统显示的颜色，因印刷方式的限制仅显示为灰色，建议读者结合 Patentics 实操以获得更好的学习效果。本书同类情况不再另作说明。

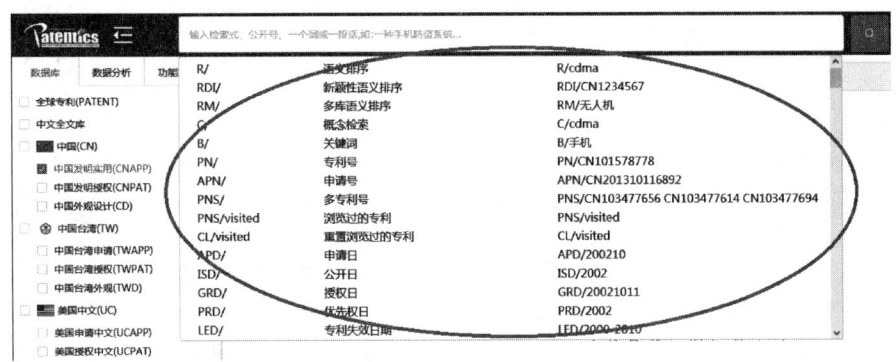

图 2-3-1　Patentics 网络版搜索框

网络版与客户端界面均提供两个搜索框，分别称为"主搜索"与"从搜索"，是两个完全独立的搜索框。网络版从搜索框默认为关闭状态，需要打开后显示，如图 2-3-2 所示；客户端界面如图 2-3-3 所示。从搜索框不仅可以独立检索，还可以独立地显示检索结果，独立地调用浏览器进行浏览。检索是一个动态调整的过程，两个独立的搜索框便于检索策略的调整，可以在保持检索结果不变的情况下进行二次检索。

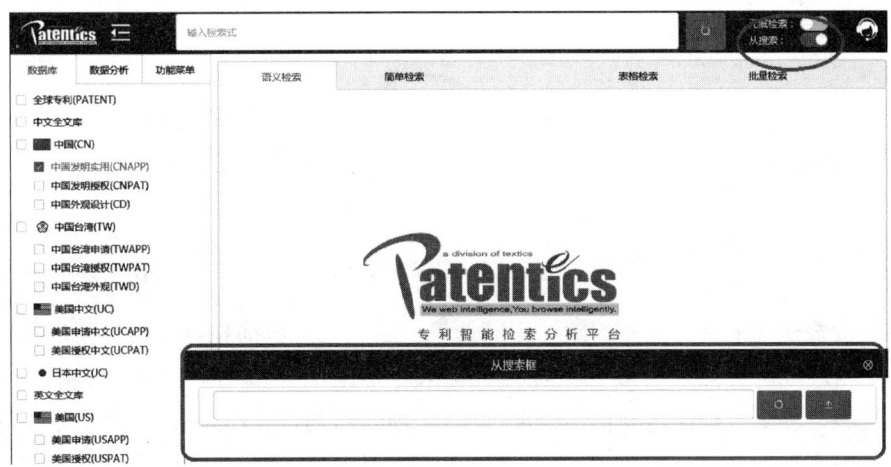

图 2-3-2　Patentics 网络版"主搜索"与"从搜索"

（2）界面检索模式

界面检索模式是使用过 EPOQUE 系统和国家知识产权局 S 系统的用户比较熟悉的命令行式检索模式。在网络版中点击"功能菜单"中的"界面检索"按钮，如图 2-3-4 所示，进入界面检索。

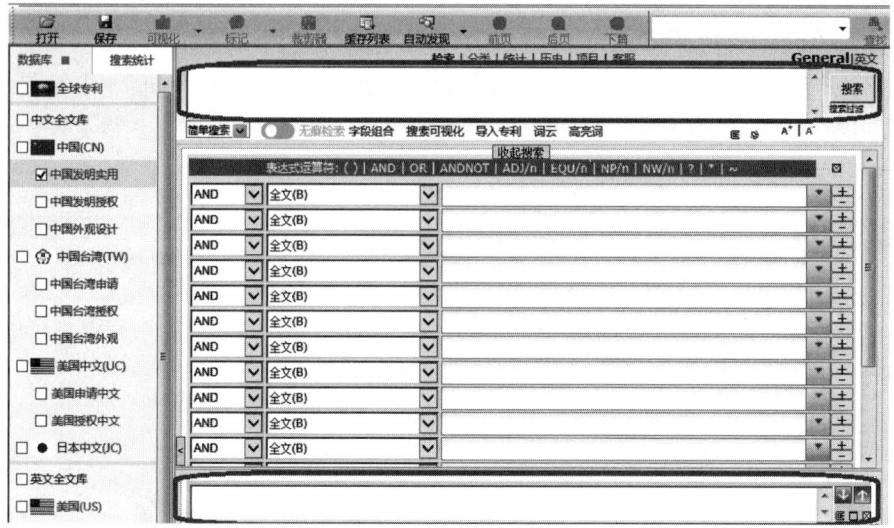

图 2-3-3　Patentics 客户端"主搜索"与"从搜索"

图 2-3-4　Patentics 界面检索入口

界面检索模式不具有左侧的数据库勾选栏，因此，在界面检索中通过指定数据库来检索。数据库代码可点击右侧"数据库代码表"查看，在靠右侧的输入框中输入所选数据库代码，多个数据库之间使用"or"连接，同时，需要在靠左侧的输入框中输入自定义的数据库名称，点击"确定"，选择数据库完成，如图 2-3-5 所示。

界面检索模式与 EPOQUE 系统、S 系统的界面检索相同，均采用命令行式检索。其可以进行传统布尔检索式运算，也可以使用语义字段进行语义检索。还可以在不同检索式之间直接调用检索式编号进行布尔运算，运算逻辑与搜索框相同，在下方输入框中输入命令行，点击 Enter 键即可执行检索，如图 2-3-5 所示；点击检索式后的放大镜"查找"按钮，则在主页面浏览区域显示检索结果列表，如图 2-3-6 所示。

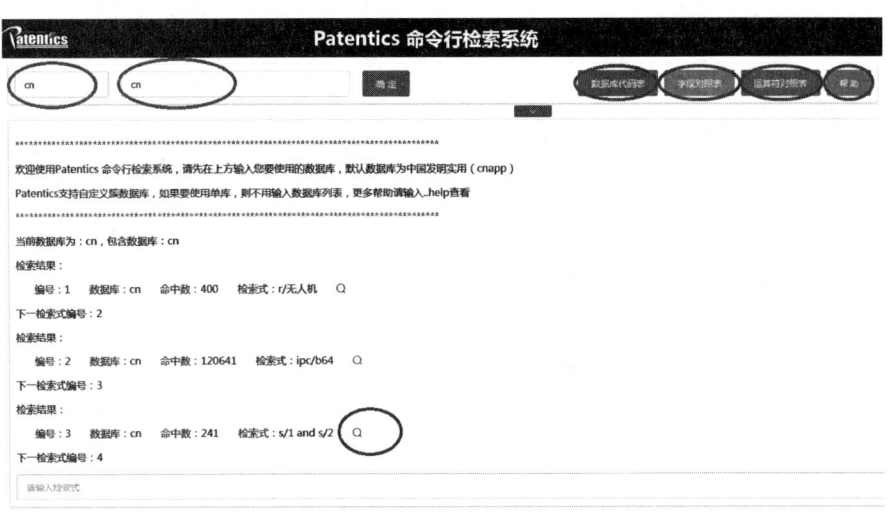

图 2-3-5　Patentics 界面检索

图 2-3-6　Patentics 网络版界面检索结果列表

为了便于熟悉 S 系统的用户检索，Patentics 在界面检索模式中还提供了与 S 系统通用的字段、运算符，可点击右侧"字段对照表""运算符对照表"查看，如图 2-3-5 所示。界面检索的检索命令可点击右侧"帮助"按钮查看，也可在输入框中输入"..help"显示常用命令。

（3）其他检索模式

为了便于初体验的用户快速熟悉系统，Patentics 开发了简单检索、表格检索等检索模式，在网络版首页初始界面点击选择相应的模式即可进入。在客户端中通过检索框下方的下拉菜单，可以进行检索模式的切换选择，如图 2-3-7 所示。需要说明的是，客户端中的简单检索与表格检索并不相当于网络版中的简单检索与表格检索。在此仅对网络版其他检索模式进行简单介绍，因为无论是网络版还是客户端，搜索框模式始终是 Patentics 的主要检索模式。

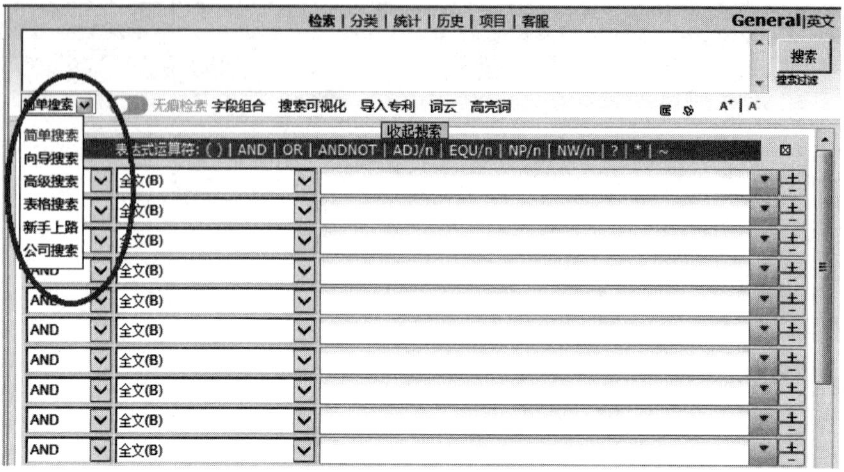

图 2-3-7 Patentics 客户端检索模式切换选择

网络版的简单检索入口实现了对几个字段的合并检索。即，在简单检索输入框中直接输入检索内容"关键词、公司、发明人、专利公开号"，无须输入字段，系统自动在几个相应的字段中同时检索，实现最大化捕捉，适于初体验的用户。需要说明的是，简单检索不支持语义检索，也不能进行复杂检索式的运算。

表格检索是十分直观方便的检索模式。在网络版表格检索界面，直接列出了各常用检索字段对应的检索项目，用户仅需选择对应的检索入口输入相应的检索内容即可执行检索。表格检索最下方的输入框是对输入内容进行自动的 R/语义检索，而无须输入 R/字段，但是该检索框同样不能进行复杂检索式的运算。此外，可以在下方输入框输入语义检索内容，同时在上方表格检索项目中输入内容，点击"检索"按钮，系统默认不同项目之间进行"与"逻辑运算，如图 2-3-8 所示。

图 2-3-8 Patentics 网络版表格检索

2.3.2 数据库选择

检索时，首先需要进行数据库的选择。除界面检索模式在输入框中进行数据库选择以外，其他检索模式均有两种方法选择数据库：勾选页面左侧相应的数据库或通过检索式选择数据库。

(1) 页面勾选数据库

在数据库选择页面中，**国家名称表示的数据库均为全文数据库**，系统默认勾选的是中国发明实用（CNAPP）库，如图2-3-9所示。中国发明实用库是中国发明专利和实用新型专利的混合公开文本库，这也是最常选择的数据库。由于中国发明专利包括公开和授权两个版本，实用新型专利只有授权一个版本，因此，如果选择中国发明授权（CNPAT）库将导致实用新型漏检，而选择中国发明实用库，能够提高浏览效率，既不会有重复内容的专利，也不会漏检。中国专利的英文库是对中国发明实用库的翻译，而不包含对中国发明授权库的翻译。

图2-3-9　Patentics数据库勾选栏

类似的数据库还包括中国台湾申请库和中国台湾授权库、欧洲申请库和欧洲授权库、日本申请库和日本授权库、韩国申请库和韩国授权库。在进行语义检索时，可以仅选择这些专利的申请库进行检索。

美国专利库的特殊情况：由于美国在 2001 年之前仅公开授权专利，未授权专利申请不予公开，2001 年修改专利法后，才开始公开申请但未授权的专利申请，因此，在对美国专利进行检索时，需要同时勾选美国申请库和美国授权库才能确保不会遗漏相关专利文献。美国专利的中文库也是同时包括美国申请库和美国授权库的翻译。

（2）检索式选择数据库

除勾选数据库外，还可以通过检索式使用字段"db/各数据库代码"进行数据库的选择。例如，"r/无人机 and db/cn"，db/cn 相当于 db/（cnapp or cnpat or cd），表示同时在中国发明实用库、中国发明授权库和中国外观设计库中进行检索。更多数据库代码可参见数据库勾选栏，也可参见字段表中的"地域"字段，如图 2-3-10 所示。需要说明的是，目前的数据库勾选栏缺少 EPO、韩国中文库的勾选选项，但可以通过检索命令直接调用，欧洲为 db/ec，韩国为 db/kc。已勾选数据库的同时也在检索式中输入 db 字段，相当于手动强制选择数据库，因此以检索式输入内容为准。

图 2-3-10　Patentics 地域字段

为方便用户一次性操作，需要强调的是，须对"db/all"与"db/patent"进行区分：db/all 是指 Patentics 的所有数据库，包括翻译库和非专利库；db/patent 是指 Patentics 除翻译库和非专利库以外的所有数据库，与数据库勾选栏的"全球专利（PATENT）"是一样的范围。可见 db/all 的范围大于 db/patent。

还需要说明的是，db 字段仅是选择数据库并非检索数据库中的专利。当需要检索数据库中的全部专利时，可以使用"all/1"，表示取当前所选择的数据库的全部数据，例如"all/1 and db/cnapp"。

2.3.3　检索式构建

（1）运算逻辑

Patentics 的搜索框中只能输入一个检索式，检索式可以根据检索需求不断延长。其不同于 S 系统或 EPOQUE 系统的命令行式检索，它们的运算逻辑是不同的：命令行检索延续了 DOS 时代的特点逐行敲命令，Patentics 更类似于 Linux 中管道命令的用法。

当进行除语义字段外的其他字段运算时，优先算符"（ ）"中的内容优先运算，然后其他字段按照逻辑算符（and、or、andnot）从左至右顺序运算。例如，检索式"b/辅助系统 and b/驾驶 or icl/b60"与"（b/辅助系统 and b/驾驶）or icl/b60"，检索结果相同，均为 693159 项，并且检索结果的顺序也相同，但与"b/辅助系统 and（b/驾驶 or icl/b60）"明显不同。

当语义字段与其他字段同时运算时，语义字段优先级永远低于其他字段。例如，检索式"b/辅助系统 and r/驾驶"与"r/驾驶 and b/辅助系统"，检索结果相同，均为 44056 项，并且检索结果的顺序也相同。可见，两种表达方式的检索式均为先对关键词"辅助系统"在全文中进行检索，再与"r/驾驶"进行语义排序，这与检索式表达的前后顺序无关；其检索结果 44056 项仅取决于"辅助系统"在全文中进行检索的结果。

（2）关键词表达

当在检索框中单独输入一个词时，系统默认为关键词检索，即"B/"（与微信小程序不同，微信小程序默认为 R/）。举例说明，检索式"辅助系统 and b/驾驶""b/辅助系统 and b/驾驶""b/(辅助系统 and 驾驶)"，检索结果相同，均为 18975 项结果，并且检索结果的顺序也相同。但是，用户在使用时应慎用"辅助系统 and b/驾驶"此类表达，当检索式较长或调整检索式时，难以梳理逻辑关系，易造成运算错误。

此外，当检索关键词"面包"时，检索结果会包括例如"表面包覆"的噪声文献。对此，Patentics 提供分词检索算符"no"。例如"ttl/面包 and no/面包"，则能够将"表面包覆"等噪声文献排除。

（3）时间界限表达

Patentics 不使用关系算符，例如大于">"、小于"<"；在进行时间检索时，用户应关注"日期"字段和"过滤"字段，如图 2－3－11 所示。日期时间均可使用 8 位 yyyymmdd（年月日）或 6 位 yyyymm（年月）或 4 位 yyyy（年）进行表达。当日期时间确定时，采用日期字段，例如，"r/computer and apd/2002"表示申请日在 2002 年的专利按照语义"r/computer"进行排序，"r/computer and apd/2002－2010"表示申请日在 2002 年至 2010 年的专利按照语义"r/computer"进行排序（包括 2002 年和 2010 年）。当日期时间不确定时，采用过滤字段，例如，"di/专利号"表示公开日在该专利申请日之前的专利，"di/200206"表示公开日在 2002 年 6 月之前的专利，而 di/＋表示日期之后。更多时间日期表达方式，请查阅 Patentics 字段表。

（4）申请人表达

在检索申请人时，输入公司全称往往造成子公司、母公司的漏检，输入得过于简略又会带来其他公司的噪声，因此，Patentics 系统赋予了多种申请人字段的表达方式，其中最常用的是"标准化申请人 ann"字段。所谓标准化申请人，就是系统已经把一家公司（集团）所有名称的写法和所有子公司自动关联在一起，定义为一家标准的公司。

只要用户输入其中一家公司名称，系统就会自动把属于这家公司的所有专利全部检索出来。此时不是关键词的匹配，所以检索结果是没有噪声的。需要说明的是，标准化申请人包括了公司的所有中英名称，因此可以中英文互检。

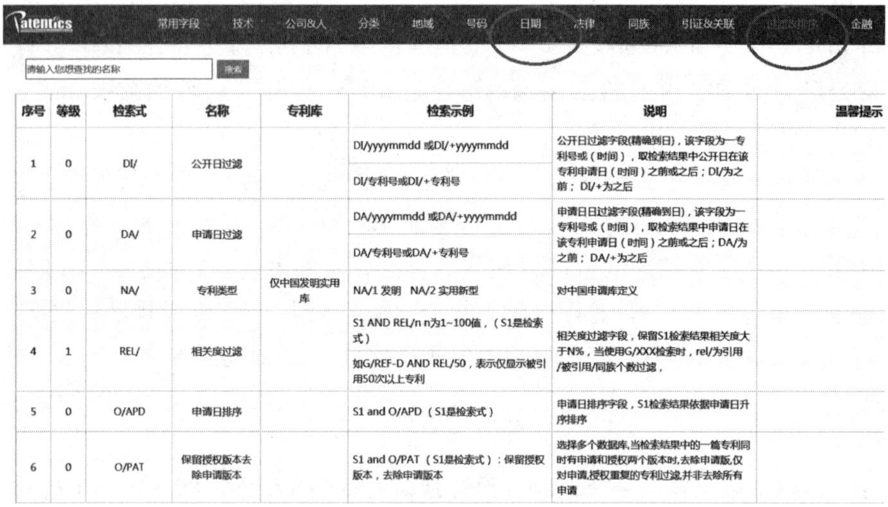

序号	等级	检索式	名称	专利库	检索示例	说明	温馨提示
1	0	DI/	公开日过滤		DI/yyyymmdd 或DI/+yyyymmdd DI/专利号或DI/+专利号	公开日过滤字段(精确到日)，该字段为一专利号或（时间），取检索结果中公开日在该专利申请日（时间）之前或之后；DI/为之前；DI/+为之后	
2	0	DA/	申请日过滤		DA/yyyymmdd 或DA/+yyyymmdd DA/专利号或DA/+专利号	申请日日过滤字段(精确到日)，该字段为一专利号或（时间），取检索结果中申请日在该专利申请日（时间）之前或之后；DA/为之前；DA/+为之后	
3	0	NA/	专利类型	仅中国发明实用库	NA/1 发明 NA/2 实用新型	对中国申请库定义	
4	1	REL/	相关度过滤		S1 AND REL/n n为1~100值，（S1是检索式） 如G/REF-D AND REL/50，表示仅显示被引用50次以上专利	相关度过滤字段，保留S1检索结果相关度大于N%，当使用G/XXX检索时，rel/为引用/被引用/同族个数过滤，	
5	0	O/APD	申请日排序		S1 and O/APD （S1是检索式）	申请日排序字段，S1检索结果依据申请日升序排序	
6	0	O/PAT	保留授权版本去除申请版本		S1 and O/PAT （S1是检索式）：保留授权版本，去除申请版本	选择多个数据库,当检索结果中的一篇专利同时有申请和授权两个版本时,去除申请版,仅对申请,授权重复的专利过滤,并非去除所有申请	

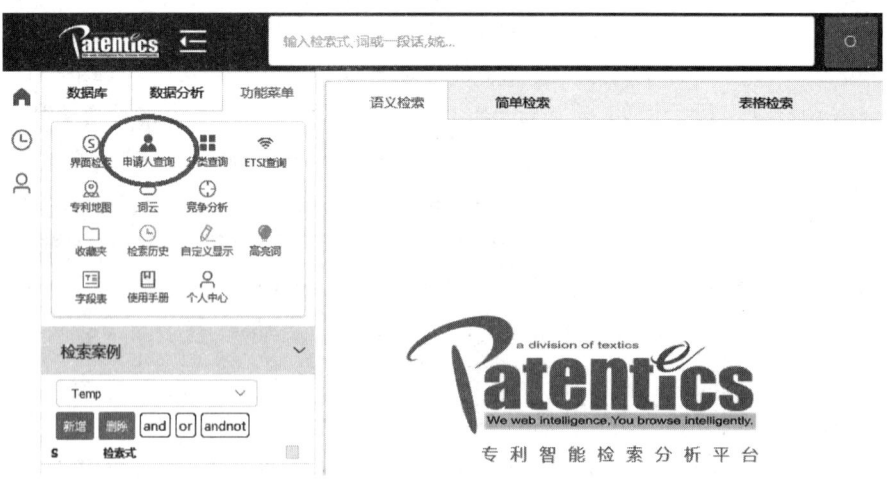

图 2－3－11　Patentics 日期字段、过滤字段

关于系统自动关联的标准申请人，网络版用户可通过点击“功能菜单”中“申请人查询”按钮进入，如图 2－3－12 所示。在申请人查询页面的查找输入框中输入中文或英文的公司名称，即可显示系统自动关联的所有相关公司名字，如图 2－3－13 所示。同时，用户还可以根据自身检索需要，进行相关公司名称的选择、添加以及删除。勾选相应的公司名称，点击“删除”按钮；或在输入框中输入系统未列出的公司名称，点击“添加”按钮；或勾选相应的公司名称，点击“检索”按钮，即可与主页面从搜索框联动，在从搜索框中自动生成关于申请人的检索式，并执行相应的检索，如图 2－3－14 所示。

图 2－3－12　Patentics 网络版标准申请人查询入口

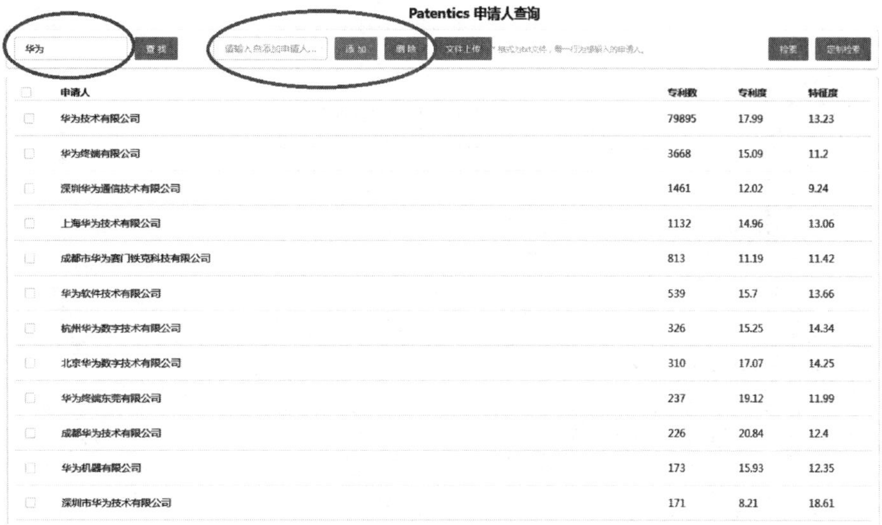

图 2 – 3 – 13 Patentics 网络版标准申请人查询页面

图 2 – 3 – 14 Patentics 网络版标准申请人查询器与从搜索框联动

客户端用户查询标准申请人可通过点击主搜索框下方的下拉框，如图 2 – 3 – 15 所示，选择"公司搜索"。在左侧选择相应的数据库，在输入框中输入中文或英文的公司名称，点击"搜索"，即可显示系统在该数据库中自动关联的所有相关公司名称。

同时，Patentics 对申请人字段进行了详细的划分，例如，第一标准化申请人字段 ann1 表示排名在第一位的申请人的标准化字段，第二标准化申请人字段 ann2 表示排名在第二位的申请人的标准化字段。aann 与 ann 字段的区分：aann/ 为标准化专利权人字段，例如 "aann/苹果" 检索的是专利权人为苹果公司的专利，其中包括原始申请人是苹果公司以及原始申请人不是苹果公司的两种专利。可见，"aann/苹果 andnot ann/苹果" 是转让给苹果公司的专利。更多表达方式，请查阅 Patentics 字段表 "公司 & 人" 字段，如图 2 – 3 – 16 所示。

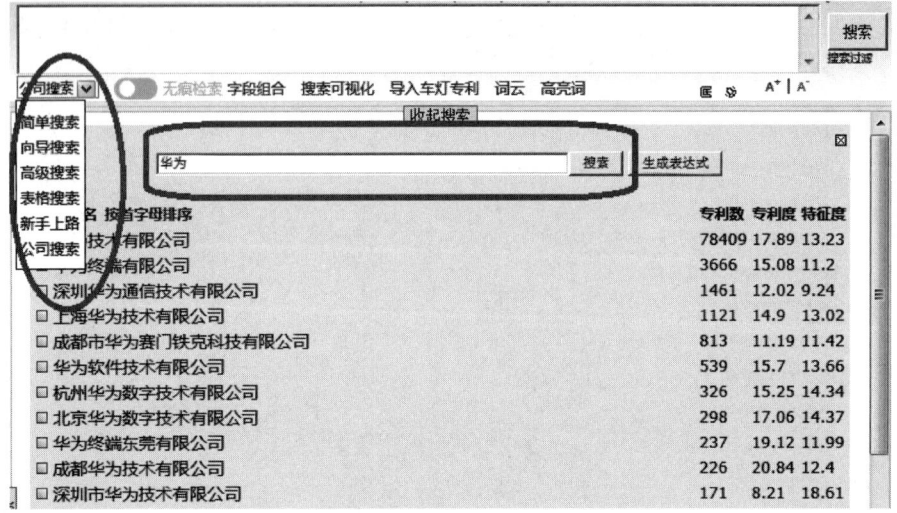

图 2-3-15 Patentics 客户端申请人查询

图 2-3-16 Patentics 公司 & 人字段

（5）数值范围表达

数值范围的检索通常会结合同在算符一起使用，因为数值范围和关键词的联合使用可以准确、高效地检索到目标专利。使用同在算符运算，可以把数值范围整体作为一个词语表达，例如检索式"ttl/"per/10-60 nw/10 编程""。系统中检索的数值既包括阿拉伯数字，也包括中文数字，两种表达方式都会被命中。检索的数值范围既包括 10~60 之间数值范围，也包括 10~60 之间的数值点，还包括与 10~60 交叉的数值范围。

2.3.4 特殊算符

Patentics 系统区别于其他专利检索系统的又一亮点是其提供的一系列特色算符。在此介绍三种：流检索算符、指针算符和过滤算符。需要说明的是，在 Patentics 的官方介绍中并不区分字段、算符概念，因为算符也表现为字段形式，但其本质是算符，自身并不能进行检索，是对前一个检索式进行某种运算。指针算符在 Patentics 介绍中常被称为指针命令，过滤算符在 Patentics 介绍中常被称为过滤字段。

（1）流检索算符

常作专利分析的用户都会遇到一个问题，就是当检索式过长时，尤其是需要调整检索式时，运算逻辑往往难以梳理，用户对检索式是否会按照预期进行及检索结果没有信心。Patentics 为解决用户对检索运算逻辑梳理的难题，提供了流检索算符"P:"。它表示不考虑各字段的优先级，从左至右顺序执行运算。把"P:"置于检索式最前方，冒号后面不需要空格，直接连接检索式，例如，"P: S1 and S2 and S3 and S4"表示顺序执行 S1 - S2 - S3 - S4，即使 S4 的运算优先级高于其他字段，也同样如此顺序执行。同时，可以在 S1、S2、S3、S4 内使用优先算符，但不能在检索式之间使用优先算符，例如"P: S1 and S2 and(S3 and S4)"。

举例说明，检索式"P: ann/（华为 or 苹果）and ns/北京 and na/1 and 1s/有效"的含义就是强制按照从左到右顺序进行检索，也就是先检索华为和苹果这两个标准申请人，然后筛选地址在北京的交集，再筛选发明专利，最后筛选这个集合中的有效专利。这样的运算是非常稳妥的，避免了潜在的各种可能的问题，可以保证用户构建检索式的思维与检索式的描述同步进行，即"想到写到系统做到"。检索式越长，越能体现出流检索算符的重要性。

（2）指针算符

传统的布尔算符只能进行"与"或"非"运算，也就是在集合之间作交集或并集等运算，如图 2-3-17 所示。而指针算符是针对一个专利文献集合进行运算，可以理解为以一种函数关系进行运算，如图 2-3-18 所示。

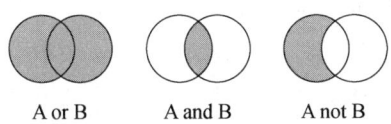

图 2-3-17　布尔运算

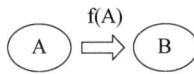

图 2-3-18　Patentics 指针算符运算

指针算符常用于专利的引用与关联运算中，具体参见 Patentics 字段表中"引证 & 关联"字段，如图 2-3-19 所示。这一类算符是针对一个专利文献集合进行运算，运算后 A 集合整体变为了 B 集合专利，甚至还可以进一步运算变为 C 集合专利。例如，检索式"ann/国家电网 and refs/清华大学"表示国家电网被清华大学引用的全部专利；检索式"a/无人驾驶 and refsns/广东"表示先检索"无人驾驶"这个关键词，形成集合

A，然后找到集合 A 全部专利对应的引用专利集合，形成集合 B，然后限定这个集合里面来自广东的申请，最终形成集合 C。用户无须对众多引证 & 关联算符进行背诵记忆，在理解的基础上能够查阅使用即可。下面对主要算符的区别进行说明。

序号	等级	检索式	名称	专利库	检索示例	说明	温馨提示
1	1	RCC/	引用国家数	需选库	RCC/8	表示引用8个国家的专利	引用国家数：引用多少个国家的专利，同一个国家有多篇专利，不重复计算国家数。
2	1	REFC/	被引用专利数	需选库	REFC/8	表示被8篇专利引用	被引用专利数：被多少篇专利引用
3	1	RNC/	被N个公司专利引用	需选库	RNC/n RNC/2-10	被引公司数检索：专利有n个公司引用 被引公司数检索：数值范围的公司引用	
4	1	CNC/	引用N个公司	需选库	CNC/n CNC/2-4	表示引用N个公司的专利 表示引用数值范围的公司专利	
5	1	REFS/	关联分析检索	需选库	refs/(cn and us) refs/(华为 and 高通 andnot 爱立信) refs/(h04n and 海尔)	同时被中国、美国专利引用 同时被华为、高通引用，但没有被爱立信引用 同时被h04n、海尔引用	被多个元素引用如：国家、公司、分类等，各个元素之间可以逻辑组合
6	1	REFSB/	关联技术检索(关键词)	需选库	a/cdma and refsb/wcdma	S1是专利集合,引用S1的专利必须含有输入的关键词	s1代表检索式
7	1	REFSN/	关联技术检索(分词)	需选库	a/cdma and refsn/wcdma	S1是专利集合,引用S1的专利必须含有输入的词,该词为Patentics语义分词	s1代表检索式
8	1	REFSNS/	关联地域检索	中国cn库	a/cdma and refsns/广东	S1是专利集合,引用S1的专利地域必须输入的地域	s1代表检索式

图 2 - 3 - 19　Patentics 引证 & 关联字段

"refs/"为被引用算符，如前所述，后面可以连接并自动识别常用标准字段，并对各个元素进行逻辑组合，例如：连接国家，"S1 and refs/(cn or us)"；连接公司，"S1 and refs/(华为 and 高通 andnot 爱立信)"；连接分类号，"S1 and refs(ho4n and 海尔)"。

"refsn/"与"refsb/"为引用关键词算符：refsb 是基于传统查找运算，例如"S1 and refsb/5G"是严格检索"5G"这个关键词是否出现；refsn 是基于 Patentics 的语义进行关键词查找。

"G/REF - S""G/REF - D""G/CITE - S""G/CITE - D"为引用与被引用算符："G/REF - S"表示计算引用 S1 的专利集合 S2，"G/CITE - D"表示计算 S2 所引用的专利集合 S1，如图 2 - 3 - 20 所示；"G/REF - D"表示计算 S1 中被引用过的专利集合 S1'，该集合 S1'必然是 S1 的一部分，"G/CITE - S"表示计算 S1 有引用其他专利的集合 S1"，该集合 S1"也必然是 S1 的一部分，如图 2 - 3 - 21 所示，当然 S1'与 S1"不一定是独立的两个集合。

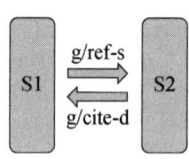

图 2 - 3 - 20　G/REF - S 与 G/CITE - D 算符

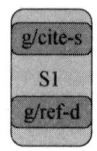

图 2 - 3 - 21　G/REF - D 与 G/CITE - S 算符

“CITEBY/”与“REFBY/”为引用来源与被引用来源算符。来源可以分为三类：申请人自己引用“applicant”、审查员引用“examiner”、第三方异议引用“thirdparty”。例如，“ann/高通 and citeby/applicant”可检索出高通自己引用的专利。

“REFREL/”与“RTYPE/”为引用类型与被引用类型算符，类型是指审查员检索报告中的文献类型“X”“Y”“A”“R”等。例如“ann/高通 and rtype/X”表示检索高通公司作为X类型被引用的专利，可以认为，这些专利就是高通公司被模仿的专利。REFREL/目前支持R、E、X、Y四种类型的检索。

（3）过滤算符

过滤算符是在对一个专利文献集合内的文献进行筛选过滤，主要包括同族过滤、专利类型过滤、文献版本过滤、时间日期过滤等。时间日期过滤的使用已在第2.3.3节介绍，在此主要介绍同族过滤、同日申请过滤、文献版本过滤算符的使用。更多过滤算符的使用参见Patentics字段表中“过滤 & 排序”字段，如图2－3－22所示。

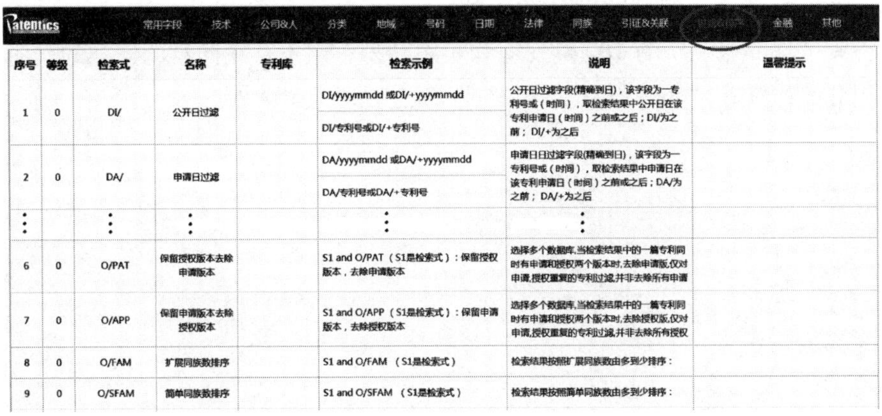
Patentics 常用字段 技术 公司&人 分类 地域 号码 日期 法律 同族 引证&关联 金融 其他

序号	等级	检索式	名称	专利库	检索示例	说明	温馨提示
1	0	DI/	公开日过滤		DI/yyyymmdd 或DI/+yyyymmdd DI/专利号或DI/+专利号	公开日过滤字段(精确到日)，该字段为一专利号或（时间），取检索结果中公开日在该专利申请日（时间）之前或之后；DI/为之前；DI/+为之后	
2	0	DA/	申请日过滤		DA/yyyymmdd 或DA/+yyyymmdd DA/专利号或DA/+专利号	申请日日过滤字段(精确到日)，该字段为一专利号或（时间），取检索结果中申请日在该专利申请日（时间）之前或之后；DA/为之前；DA/+为之后	
⋮		⋮	⋮		⋮	⋮	
6	0	O/PAT	保留授权版本去除申请版本		S1 and O/PAT（S1是检索式）：保留授权版本，去除申请版本	选择多个数据库,当检索结果中的一篇专利同时有申请和授权两个版本时,去除申请版,仅对申请,授权重复的专利过滤,并非去除所有申请	
7	0	O/APP	保留申请版本去除授权版本		S1 and O/APP（S1是检索式）：保留申请版本，去除授权版本	选择多个数据库,当检索结果中的一篇专利同时有申请和授权两个版本时,去除授权版,仅对申请,授权重复的专利过滤,并非去除所有授权	
8	0	O/FAM	扩展同族数排序		S1 and O/FAM （S1是检索式）	检索结果按照扩展同族数由多到少排序：	
9	0	O/SFAM	简单同族数排序		S1 and O/SFAM （S1是检索式）	检索结果按照简单同族数由多到少排序：	

图2－3－22 Patentics 过滤 & 排序字段

根据WIPO《工业产权信息与文献手册》，同族有两类：一类是优先权完全相同的简单同族；另一类是范围更广的扩展同族，扩展专利族的专利只需要与该族中的至少一个其他专利拥有相同优先权即可。可见，两种同族中一种技术相关度更高，另一种可以包含更多的相关专利，各有用处。但在多个数据库中检索时，有可能出现一个专利族的案件多次显示在检索结果中，而检索人员并不希望重复浏览一个专利族中的多件专利。为提高浏览效率，Patentics提供“o/mfam”（扩展同族）和“o/msfam”（简单同族）两种过滤算符。例如，检索“ann/高通”结果为30多万件，检索“ann/高通 and o/msfam”结果仅10多万件。

根据《专利法》规定，一件授权的发明专利具有申请公开和授权公告两个版本，但在检索时，用户同样不希望重复浏览一个技术内容不同的文献版本的情况。因此，Patentics提供两种过滤算符：o/pat表示去除重复的申请版本，保留授权版本；o/app表示去除重复的授权版本，保留申请版本。与中国库情况类似，同样适用版本过滤算符的数据库还包括：美国申请与授权库、日本申请与授权库、欧洲申请与授权库、韩国申请与授权库、中国台湾申请与授权库。

中国专利数据库的特殊情况，除去外观设计专利在此不谈，中国专利包括发明专利和实用新型专利两种，因此，我们常用的 Patentics 数据库"中国发明实用（CNAPP）"也包括发明专利和实用新型专利两种。Patentics 提供两种过滤算符分别筛选检索发明申请和实用新型：na/1 表示发明申请，na/2 表示实用新型。特别是，在中国专利库中，同一申请人通常会在同日提交相同的发明申请和实用新型申请，但在检索时，用户同样不希望重复浏览一个技术内容不同专利类型的情况。为此，Patentics 提供 5 种过滤算符：iu/1 表示筛选检索同日申请的发明专利；iu/2 表示筛选检索同日申请的实用新型；iu/3 表示筛选同日申请的发明和实用新型；iu/4 表示筛选检索没有同日申请的发明专利和实用新型以及有同日申请的发明专利，去除有同日申请的实用新型；iu/5 表示筛选检索没有同日申请的发明专利和实用新型专利以及有同日申请的实用新型，去除有同日申请的发明专利。在此需要区分 na 与 iu 算符：na 是广义上针对发明或者实用新型进行筛选检索，不区分是否是同日的同样的专利；而 iu 是专为筛选同日同样的专利的算符，例如，检索"ann/张三"有 100 件发明和实用新型，但不存在同日的同样的发明和实用新型，因此，检索式"ann/张三 and iu/1"筛选后还是 100 件。

第 3 章
专利浏览

执行检索式在数据库中进行检索,获得一定数量的检索结果后,需要对这些检索结果进行浏览并筛选。准确、快速地挑选对比文件是用户追求的最佳效果。除人为因素外,系统的浏览工具和筛选工具会影响筛选的效果。Patentics 网络版与客户端均提供两种浏览模式以及多种辅助浏览的工具。两种浏览模式分别为快速浏览和全文浏览。

3.1 通用设置

Patentics 网络版与客户端均允许对显示格式进行设置,用户可以多种方式显示检索结果专利列表;同时提供丰富的高亮显示以及翻译等功能,帮助用户提高浏览效率。网络版与客户端对浏览设置的操作方式基本相同,用户既可以通过功能键操作,也可以通过检索手段实现。下面以网络版为例进行介绍。

3.1.1 浏览设置

(1) 显示格式

获得检索结果后在浏览区域显示专利列表,系统默认状态浏览器是关闭的。在使用语义检索时,列表按相关度降序排列,使用户优先浏览相关度高的检索结果;在不使用语义检索时,列表没有固定顺序。网络版专利列表显示的项目可以根据用户的需求进行设置,默认的项目包括公开号、标题、申请人、发明人、公开日、分类及相关度(客户端没有公开日),如图 3-1-1 所示。

图 3-1-1 Patentics 网络版默认列表格式显示

网络版用户可以点击"功能菜单"中的"自定义显示"按钮,根据自己的需求将列表的各项目隐藏或显示。在弹出的选项表中,打开或关闭相应的开关,点击"确定"按钮即可,如图 3-1-2 所示。

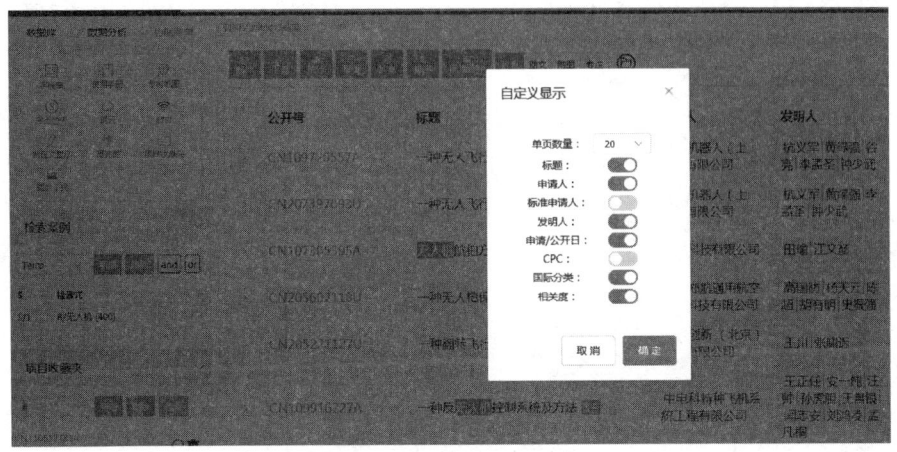

图 3-1-2 Patentics 网络版自定义显示设置

在专利列表上方中间位置是显示控制区，包括四种各有侧重的呈现方式按钮：列表、图文、附图、专注（客户端没有专注显示）以及圆形的控制标签；再右侧的输入框为相关度过滤设置，最右侧为专利查找输入框，如图 3-1-1 所示。

列表：是检索后默认的呈现格式，如图 3-1-1 所示，按行显示各项专利的著录项目。

图文：是系统自动打开所有专利的快速浏览器摘要标签，在每行专利下方呈现摘要及摘要附图，如图 3-1-3 所示。

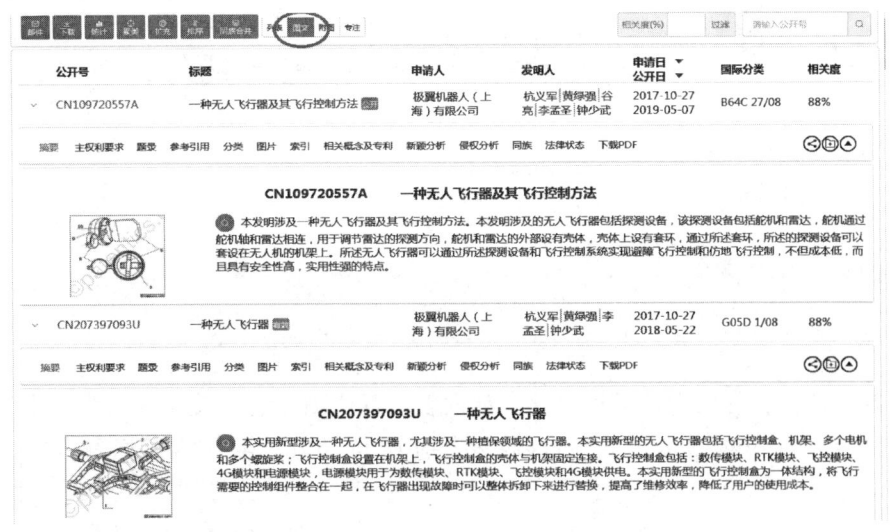

图 3-1-3 Patentics 网络版"图文"格式显示

附图：是系统自动打开所有专利的快速浏览器附图标签，在每行专利下方呈现所有附图，如图 3-1-4 所示。一页最多可以显示 8 幅附图，其是一种快速浏览大量附图的方式，非常适于机械领域检索结果的浏览。

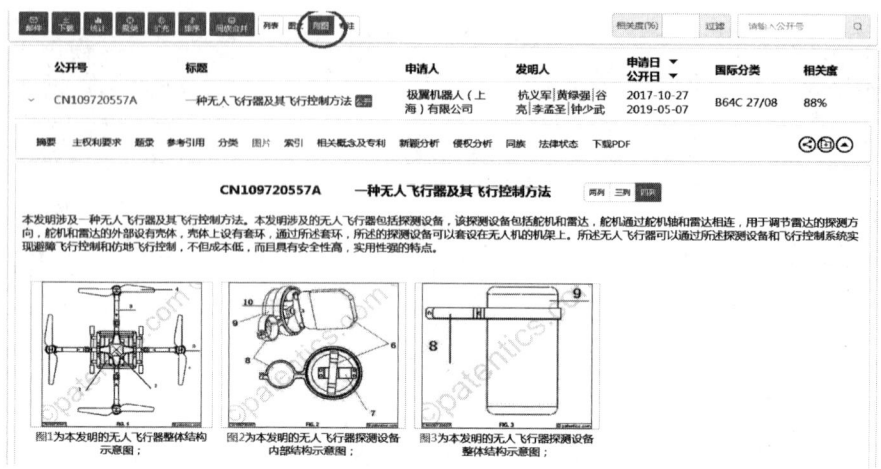

图3-1-4 Patentics网络版"附图"格式显示

专注：是在整个浏览区域单独呈现一件专利的某些信息，例如著录项目、摘要、权利要求、附图等，如图3-1-5所示。信息的选择由控制标签设置选择，此时专利列表移至屏幕右侧。

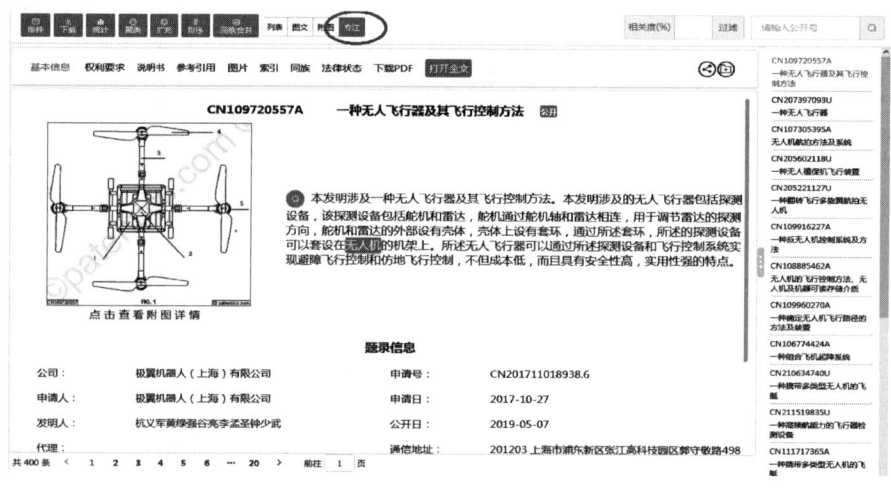

图3-1-5 Patentics网络版"专注"格式显示

控制标签：获得检索结果后显示专利列表，默认浏览器是关闭的。为一次性批量打开多件专利的快速浏览器，Patentics网络版提供控制标签。将鼠标悬停在该图标上，自动浮出"摘要""权利要求""题录""分类""法律状态""图片"6个选项，如图3-1-6所示，点击相应的选项，即可一次打开20件专利的快速浏览器，并切换到相同的项目。客户端的控制标签，如图3-1-7所示，点击浏览区域上方最右侧回字形"控制标签"，默认批量打开多件专利的快速浏览器，并切换至"摘要"标签；希望选择打开其他标签页时，需要先点击列表中第一个专利名称，打开快速浏览器，并点击选择相应的标签页，再点击该回字形"控制标签"，则所有专利均打开相同的标签内容。如图3-1-7所示,打开权利要求标签。点击回字形"控制标签"下方的"X"按钮,则关闭所有打开的浏览器。

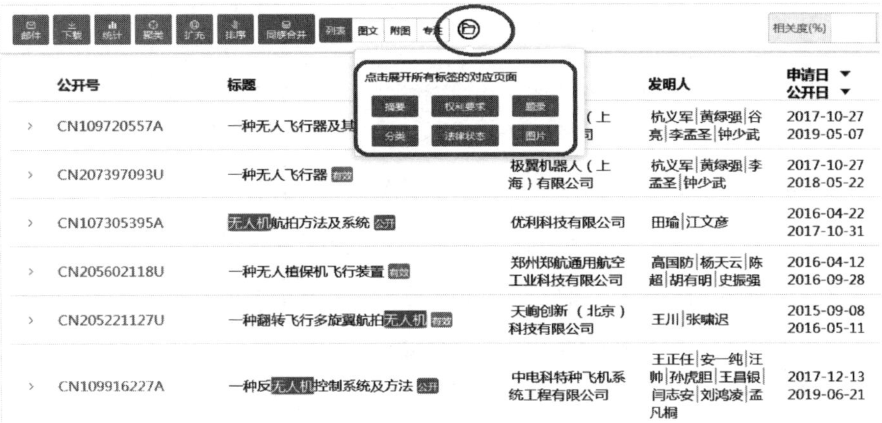

图3-1-6 Patentics网络版浏览控制标签

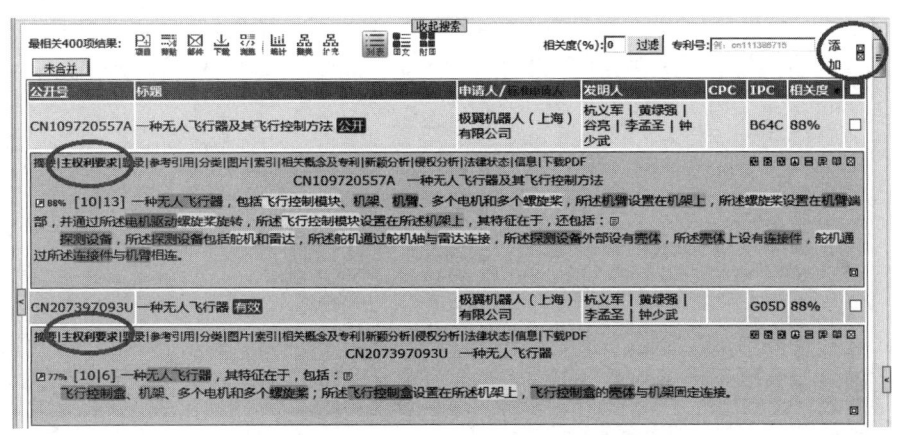

图3-1-7 Patentics客户端浏览控制标签

相关度过滤:在输入框中输入相关度数值,点击"过滤"按钮,低于输入数值的专利将被过滤掉,不再显示;同时,系统自动在主搜索框检索式后加上"and rel/数值"。如图3-1-8所示,在输入框输入87,结果仅剩9件。

查找专利:在输入框中输入需查找的专利公开号,点击放大镜"搜索"按钮,则直接跳转至查找的专利,如图3-1-9所示;当查找专利不在检索结果专利列表中时,系统会跳出对话框询问是否将该专利添加至该检索结果的专利列表。

(2)透镜显示

在使用语义检索时,在检索结果专利列表界面,用户经常会看到一些对比文件公开号由不同的绿色高亮显示,如图3-1-10所示,这是Patentics检索透镜的"聚焦"功能。

图 3-1-8 Patentics 网络版相关度过滤功能

图 3-1-9 Patentics 网络版查找功能

图 3-1-10 Patentics 透镜显示功能

Patentics 独创的透镜功能，建立在中文语义模型与英文语义模型的基础上。如第 2 章所述，这两个模型相关但并不相同。当系统后台对输入内容进行语义检索，发现基于两个语义模型，该专利均相关度较高时，系统会像光学透镜一样对该件专利"聚焦"，即绿色高亮显示，绿色越深则表示相关度越高。深绿色表示该专利在两个模型中均排在第一位，中绿色表示该专利在两个模型中均排在前三位，浅绿色表示该专利在两个模型中均排在前 20 位。由此可见，"透镜"功能不仅提供了一个新的合成检索源，而且更重要的是，通过智能融合不同语言模型的排序结果，用户又获取了一个新的排序决策考量。

Patentics 目前在中美全文库检索均有透镜功能，需要对数据库单独选择使用。对于用户来说，透镜功能对正常输入的检索内容没有任何影响，只是对输出的排序结果中被"聚焦"的对比文件进行特殊绿色高亮显示，以此提示用户对该文件应加以特别关注，重点浏览。

（3）高亮显示

Patentics 提供了丰富的高亮显示功能，除本节内容介绍的高亮显示以外，系统在快速浏览器中以及全文浏览器中也分别提供高亮显示功能，将分别在第 3.2 节和第 3.3 节中介绍。在浏览列表界面，系统提供了高亮词和检索词两种高亮显示功能，**会对检索时采用的关键词自动进行高亮显示**，而高亮词需要用户自行设置。网络版用户点击"功能菜单"中"高亮词"按钮，将在导航区域下方生成高亮词设置区域，如图 3－1－11 所示。高亮词设置区域提供 20 种颜色用以标记，在每种颜色对应的输入框中输入需要高亮显示的内容，页面会自动寻找并以相应颜色高亮显示，如图 3－1－12 所示。勾选高亮颜色前的勾选框，则执行该高亮显示；去掉勾选，相应的部分将不再高亮显示。点击下方的"清空"按钮，可以一次将所有输入框中的内容全部清空；点击"保存"按钮，可以将本次高亮设置的内容保存下来，下次打开 Patentics 页面时，该高亮设置依然存在。客户端的高亮词设置按钮在搜索框下方，如图 3－1－13 所示，设置操作与网络版基本相同，在此不再赘述。

图 3－1－11　Patentics 网络版高亮显示设置

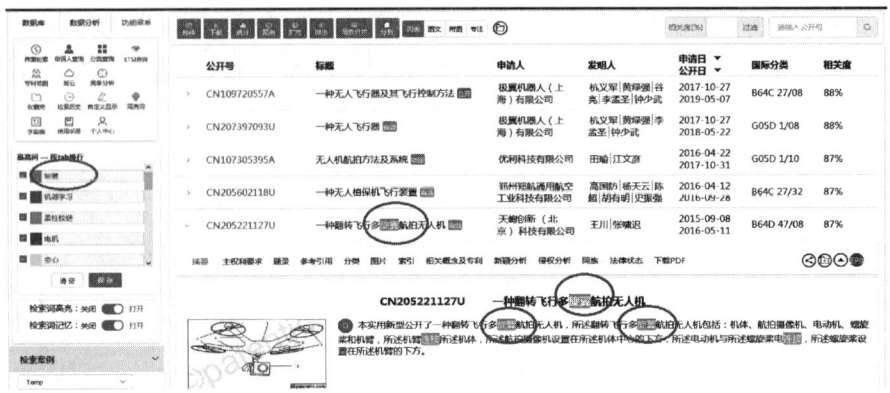

图 3-1-12　Patentics 网络版高亮词显示

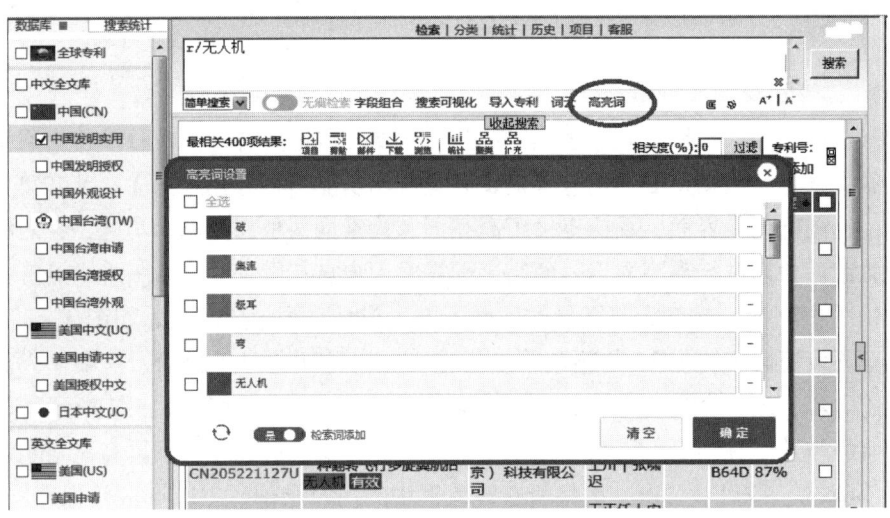

图 3-1-13　Patentics 客户端高亮显示设置

（4）浏览足迹

在检索过程中，通常会不断调整检索式，而不同检索式的检索结果通常会有交集。因此，为了避免用户重复阅读浏览过的文献，**Patentics 系统自动对浏览过的专利标记为紫色，从而区别专利是否已被浏览**。该已读标记在快速浏览器与全文浏览器中均适用。系统对浏览过的识别包括：点击过专利公开号或点击过专利标题，以及利用浏览控制标签一次性打开的多件专利。该浏览足迹的识别，在不退出当前账号登录的情况下，始终保留，并且可以不断累积识别。

3.1.2　检索命令设置

（1）浏览足迹

除前述对浏览过的专利自动标记为紫色，以便用户区别专利是否已被浏览以外，Patentics 系统还可以通过检索式命令，在检索式后添加"pns/visited"，实现对已经浏览过的专利进行统一识别过滤。在检索式后添加“and pns/visited”，即可自动提取浏览过的所有专利；在检索式后添加“andnot pns/visited”，即可自动去除已经浏览过的所有专利。

检索命令对浏览过的识别同样包括：点击过专利公开号或点击过专利标题，以及利用浏览控制标签一次性打开的多件专利。该浏览足迹的识别，同样在不退出当前账号登录的情况下始终保留，并且可以不断累积识别。

当完成一项检索任务进行下一项检索任务时，可以使用“cl/visited”命令，即可对“pns/visited”中记录的所有专利进行清除。

（2）转库翻译

Patentics 系统提供了丰富的翻译功能。除直接在美国中文翻译库或日本中文翻译库中检索（参见第 2 章介绍）、在客户端快速浏览器中采用复制功能实现翻译（参见第 3. 2 节介绍），以及在全文浏览器中的翻译功能键（参见第 3. 3 节介绍）以外，在此介绍通过在检索式输入“转库命令”实现浏览专利翻译版本，包括“fmdb/”与“fmdb2/”，具体参见 Patentics 字段表中“同族”字段，如图 3 – 1 – 14 所示。

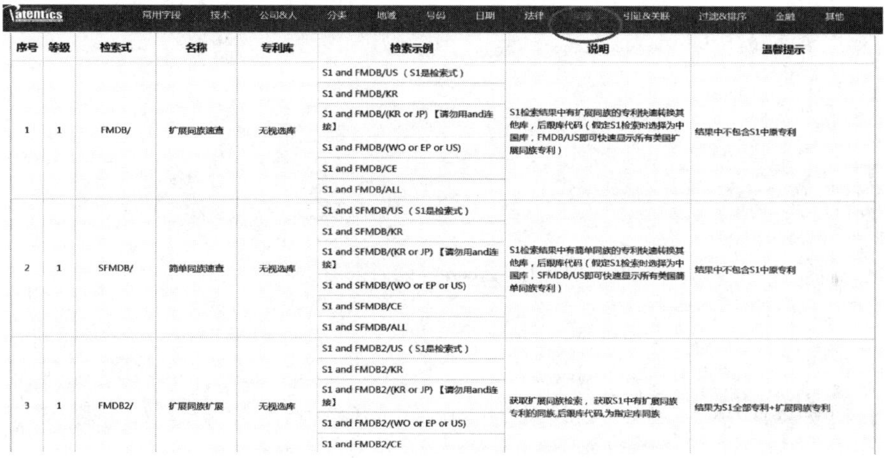

序号	等级	检索式	名称	专利库	检索示例	说明	温馨提示
1	1	FMDB/	扩展同族速查	无视选库	S1 and FMDB/US（S1是检索式） S1 and FMDB/KR S1 and FMDB/(KR or JP)【请勿用and连接】 S1 and FMDB/(WO or EP or US) S1 and FMDB/CE S1 and FMDB/ALL	S1检索结果中有扩展同族的专利快速转换其他库，后跟库代码（假定S1检索时选择为中国库，FMDB/US即可快速显示所有美国扩展同族专利）	结果中不包含S1中原专利
2	1	SFMDB/	简单同族速查	无视选库	S1 and SFMDB/US（S1是检索式） S1 and SFMDB/KR S1 and SFMDB/(KR or JP)【请勿用and连接】 S1 and SFMDB/(WO or EP or US) S1 and SFMDB/CE S1 and SFMDB/ALL	S1检索结果中有简单同族的专利快速转换其他库，后跟库代码（假定S1检索时选择为中国库，SFMDB/US即可快速显示所有美国简单同族专利）	结果中不包含S1中原专利
3	1	FMDB2/	扩展同族扩展	无视选库	S1 and FMDB2/US（S1是检索式） S1 and FMDB2/KR S1 and FMDB2/(KR or JP)【请勿用and连接】 S1 and FMDB2/(WO or EP or US) S1 and FMDB2/CE	获取扩展同族检索，获取S1中有扩展同族专利的同族,后跟库代码,为指定库同族	结果为S1全部专利+扩展同族专利

图 3 – 1 – 14　Patentics 同族字段

例如，在美国专利申请英文库中进行语义检索，通过“fmdb/uc”转库命令，在美国专利申请中文库中进行阅读理解。如第 2 章所述，执行检索式“rdi/cn200710141661 and db/us”，系统先将该中文专利翻译为英文，再以英文全文为语义的排序标准在美国库进行检索，可以看到该案的无效证据 US6487535 排在第 2 页第 15 位。如果用户希望以中文浏览，可以在检索式后增加转库命令“rdi/cn200710141661 and db/us and fmdb/uc”，则会看到，在保持检索结果不变的情况下，系统显示美国中文库文献，如图 3 – 1 – 15 所示。同样的方法也适用其他具有中文翻译库的数据库。

需要说明的是，“fmdb/”与“fmdb2/”命令有如下区别：“fmdb/”执行后结果仅显示转库后的专利，如图 3 – 1 – 15 所示；“fmdb2/”执行后结果上下对比显示原数据库专利以及转库后专利，如图 3 – 1 – 16 所示。

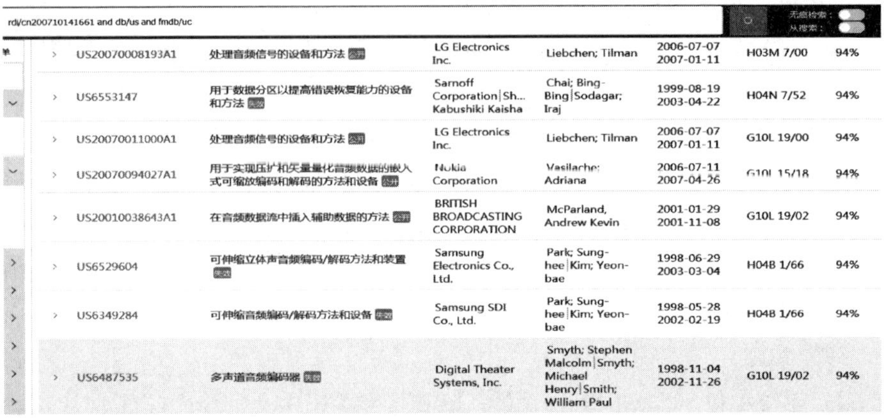

rdi/cn200710141661 and db/us and fmdb/uc

US20070008193A1	处理音频信号的设备和方法 公开	LG Electronics Inc.	Liebchen; Tilman	2006-07-07 2007-01-11	H03M 7/00	94%
US6553147	用于数据分区以提高错误恢复能力的设备和方法 失效	Sarnoff Corporation|Sh... Kabushiki Kaisha	Chai; Bing-Bing|Sodagar; Iraj	1999-08-19 2003-04-22	H04N 7/52	94%
US20070011000A1	处理音频信号的设备和方法 公开	LG Electronics Inc.	Liebchen; Tilman	2006-07-07 2007-01-11	G10L 19/00	94%
US20070094027A1	用于实现压扩和矢量量化音频数据的嵌入式可缩放编码和解码的方法和设备 公开	Nokia Corporation	Vasilache; Adriana	2006-07-11 2007-04-26	G10L 15/18	94%
US20010038643A1	在音频数据流中插入辅助数据的方法 公开	BRITISH BROADCASTING CORPORATION	McParland, Andrew Kevin	2001-01-29 2001-11-08	G10L 19/02	94%
US6529604	可伸缩立体声音频编码/解码方法和装置 失效	Samsung Electronics Co., Ltd.	Park; Sung-hee|Kim; Yeon-bae	1998-06-29 2003-03-04	H04B 1/66	94%
US6349284	可伸缩音频编码/解码方法和设备 失效	Samsung SDI Co., Ltd.	Park; Sung-hee|Kim; Yeon-bae	1998-05-28 2002-02-19	H04B 1/66	94%
US6487535	多声道音频编码器 失效	Digital Theater Systems, Inc.	Smyth; Stephen Malcolm|Smyth; Michael Henry|Smith; William Paul	1998-11-04 2002-11-26	G10L 19/02	94%

图 3-1-15　Patentics 转库浏览显示

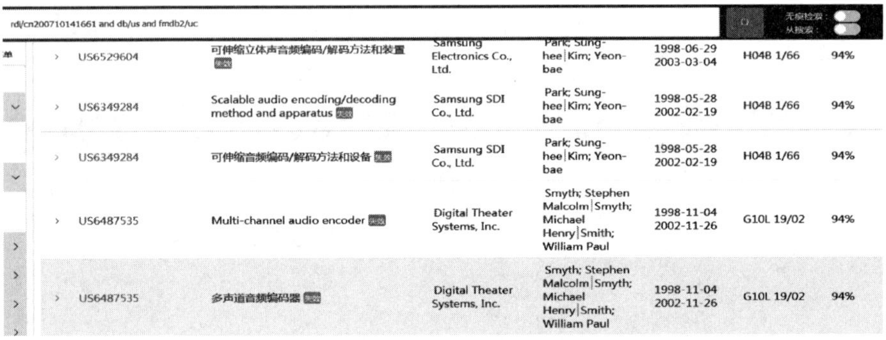

rdi/cn200710141661 and db/us and fmdb2/uc

US6529604	可伸缩立体声音频编码/解码方法和装置 失效	Samsung Electronics Co., Ltd.	Park; Sung-hee|Kim; Yeon-bae	1998-06-29 2003-03-04	H04B 1/66	94%
US6349284	Scalable audio encoding/decoding method and apparatus 失效	Samsung SDI Co., Ltd.	Park; Sung-hee|Kim; Yeon-bae	1998-05-28 2002-02-19	H04B 1/66	94%
US6349284	可伸缩音频编码/解码方法和设备 失效	Samsung SDI Co., Ltd.	Park; Sung-hee|Kim; Yeon-bae	1998-05-28 2002-02-19	H04B 1/66	94%
US6487535	Multi-channel audio encoder 失效	Digital Theater Systems, Inc.	Smyth; Stephen Malcolm|Smyth; Michael Henry|Smith; William Paul	1998-11-04 2002-11-26	G10L 19/02	94%
US6487535	多声道音频编码器 失效	Digital Theater Systems, Inc.	Smyth; Stephen Malcolm|Smyth; Michael Henry|Smith; William Paul	1998-11-04 2002-11-26	G10L 19/02	94%

图 3-1-16　Patentics 转库对比显示

3.2 快速浏览

网络版与客户端快速浏览的浏览器设置基本相同，可以快速浏览专利文献的著录项目等信息，便于高效了解检索结果与申请文件的关联度。同时，Patentics 系统提供若干二次检索推荐功能，以便用户快速浏览从而调整检索方向。

3.2.1　浏览器介绍

获得检索结果后在浏览区域显示专利列表，系统默认状态浏览器是关闭的。**点击专利“标题”名称，可以对每件专利逐一展开调用快速浏览的浏览器。**快速浏览的浏览器展开后，浏览器子窗口如图 3-2-1 所示，上方标签栏从左至右依次为：摘要、主权利要求、题录、参考引用、分类、图片、索引、相关概念及专利、新颖分析、侵权分析、同族、法律状态、下载 PDF。

(1) 摘要

点击"摘要"标签,在下方子窗口显示摘要及摘要附图,如图 3-2-1 所示,浏览器默认显示摘要页面。点击摘要文字前的蓝色搜索按钮,可以直接调用该摘要在从搜索框中进行概念检索,即 c/"摘要"。

图 3-2-1 Patentics 快速浏览摘要显示

(2) 主权利要求

点击"主权利要求"标签,在下方子窗口显示多个项目,如图 3-2-2 所示,包括权利要求相关数据、权利要求内容,以及权利要求特征词相关内容。同样地,点击权利要求文字前的蓝色搜索按钮,可以直接调用该权利要求在从搜索框中进行概念检索,即 c/"权利要求"。

图 3-2-2 Patentics 快速浏览权利要求显示

其中,权利要求相关数据涉及两个重要概念:专利度和特征度。**专利度是专利全部权利要求的数量(独立权利要求和从属权利要求),特征度是 Patentics 系统通过语义算法自动截取的权利要求 1 技术特征的数量。**

权利要求特征词是 Patentics 通过算法自动截取的权利要求技术特征,系统自动分为四类,相应地在权利要求中用四种颜色高亮显示,如图3-2-2所示。点击颜色框,可以取消或应用该高亮显示。

用户可以勾选相应的特征词,也可以在输入框中输入其他词作为关键词,进行二次检索。二次检索包括三种运算:"与搜索""或搜索"以及"N阶搜索"。"与搜索"就是在该专利语义检索的基础上,结合所选的所有关键词在从搜索框中进行全部"与"运算,即"rdi/专利号 and b/(关键词 and 关键词)"。"或搜索"就是在该专利语义检索的基础上,结合所选的所有关键词在从搜索框中进行全部"或"运算,即"rdi/专利号 and b/(关键词 or 关键词)"。"N阶搜索"是对所选的所有关键词分别进行n种排列组合后进行检索,两两、三个,直至全部进行"与"运算,并将相应的检索结果以列表呈现,同时显示每种组合命中文献集合的主要IPC统计结果,如图3-2-3所示。点击相应的组合,系统将在该专利语义模型的基础上结合所选的关键词组合,根据算法在从搜索框中进行优化后的二次检索推荐。"N阶搜索"的意义在于将所有可能的关键词组合的结果以预检索的形式呈现,以便用户快速浏览从而调整检索方向。

图3-2-3　Patentics N阶检索功能

点击"主权对比"按钮,系统自动对比该专利申请与授权版本的权利要求修改内容,如图3-2-4所示。相对于申请版本,高亮部分为增加内容,删除部分为删除内容。

(3) 题录

点击"题录"标签,在下方子窗口显示著录项目信息,如图3-2-5所示。点击相应的内容,例如申请人名称、发明人姓名等,可以直接调用相应的字段在从搜索框中进行二次检索。

(4) 参考引用

点击"参考引用"标签,在下方子窗口显示引用相关信息,如图3-2-6所示,包括本文引用的专利、本文引用专利引用的专利、引用本文的专利、引用引用本文的专利的专利,以及引用图。

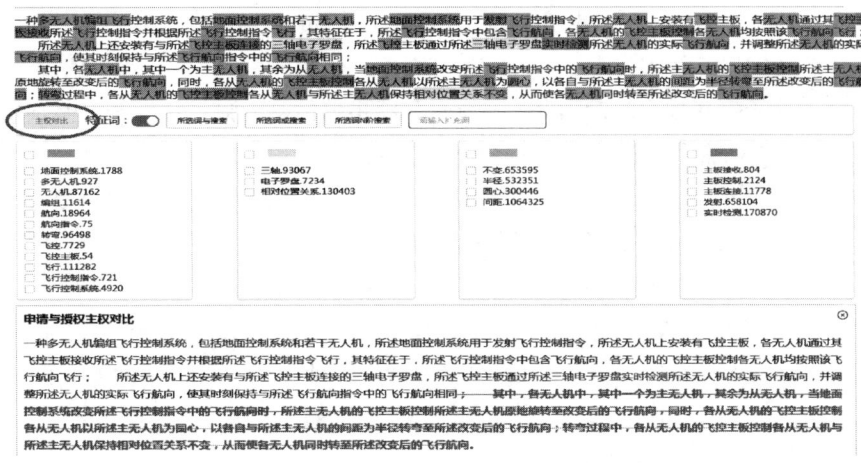

图 3-2-4　Patentics 主权对比功能

图 3-2-5　Patentics 快速浏览题录显示

图 3-2-6　Patentics 快速浏览参考引用显示

点击"引用图",系统打开新页面显示自动生成的上述专利的引用关系图,如图3-2-7所示。以本专利为中心,左侧是被本专利引用的专利,右侧是引用本专利的其他专利。将鼠标悬停在相应的专利上,系统自动浮出的信息框显示该专利的基本信息;点击相应的专利,打开新页面显示该件专利全文信息。

点击页面左上角的"专利号"切换栏,可以切换显示相应的专利标题、申请人、分类号、申请日。以申请日为例,以页面上方申请日切片图颜色对应显示相应的专利,如图3-2-7所示。点击切片图颜色框,可以取消或应用该申请日的专利是否显示。

此外,公开号对应的节点分为空心圆与实心圆,如图3-2-7所示。空心圆节点表示该件专利没有进一步引用信息,实心圆节点表示该件专利还有引用的专利,点击该节点系统进一步显示下一级引用关系,相应的实心圆变为空心圆。

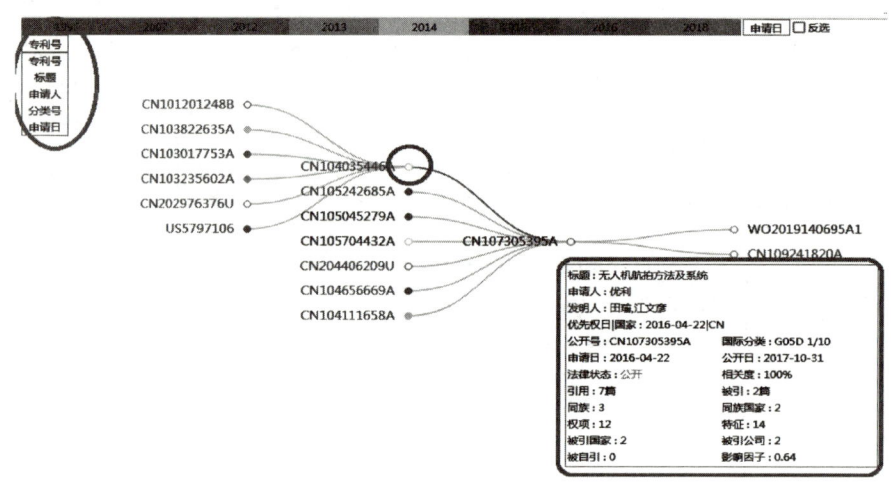

图3-2-7 Patentics 引用图

(5) 分类

点击"分类"标签,在下方子窗口显示该专利分类信息,如图3-2-8所示。点击相应的分类号,同样可以直接调用相应的分类字段在从搜索框中进行相应的检索。

图3-2-8 Patentics 快速浏览分类显示

(6) 图片

点击"图片"标签,在下方子窗口显示专利附图及附图说明,默认显示缩微图,点击相应的图片将放大图片显示,点击左右箭头即可实现图片翻页浏览,如图3-2-9所示。

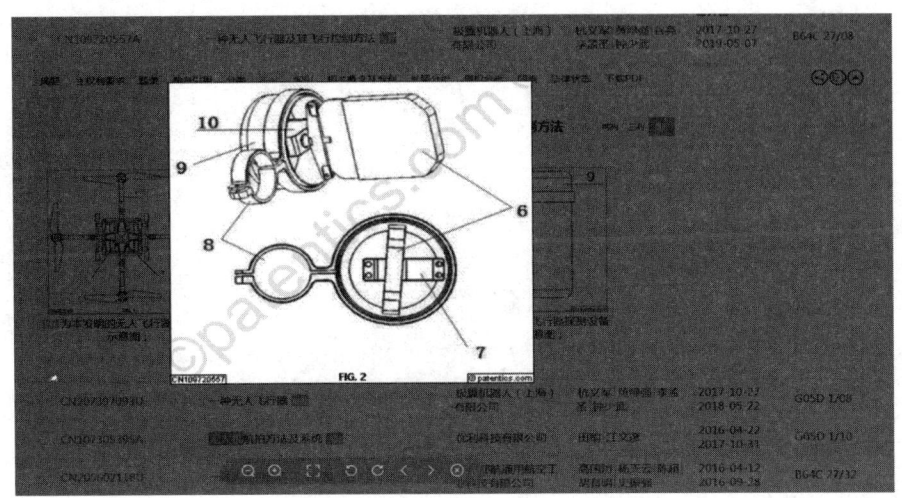

图3-2-9　Patentics快速浏览图片放大显示

(7) 索引

点击"索引"标签,在下方子窗口显示索引词,如图3-2-10所示。索引词是Patentics系统通过语义算法自动对该专利提取的索引词,分四类显示。在此勾选相应的索引词同样可以进一步二次检索,具体操作与权利要求特征词二次检索相似,在此不再赘述。

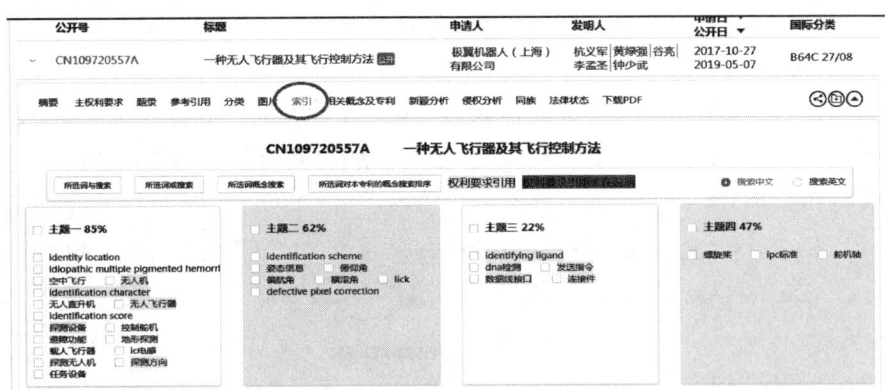

图3-2-10　Patentics快速浏览索引显示

(8) 相关概念及专利

点击"相关概念及专利"标签,在下方子窗口显示相关概念以及根据语义检索与该件专利相关的400件专利,如图3-2-11所示,分别支持中文和英文的检索。点击下方专利列表的标题可以进一步展开调用浏览器子窗口,点击下方专利列表的公开号弹出新页面显示该件专利全文信息。

图 3-2-11 Patentics 快速浏览相关概念及专利显示

（9）新颖分析

点击"新颖分析"标签，在下方子窗口显示根据"rdi/"检索该件专利得到的 400 件专利，分别支持中文和英文的检索，点击下方专利列表的标题可以进一步展开调用浏览器子窗口，点击下方专利列表的公开号弹出新页面，显示该件专利全文信息。

（10）侵权分析

点击"侵权分析"标签，在下方子窗口显示根据"r/ and da/+"检索该件专利得到的 400 件专利，分别支持中文和英文的检索，点击下方专利列表的标题可以进一步展开调用浏览器子窗口，点击下方专利列表的公开号弹出新页面显示该篇专利全文信息。

（11）同族

点击"同族"标签，在下方子窗口显示该专利全球的同族信息（包括本申请），分为扩展同族和简单同族，如图 3-2-12 所示。扩展同族与简单同族概念参见第 2.3.4 节过滤算符相关介绍。

图 3-2-12 Patentics 快速浏览同族显示

(12) 法律状态

点击"法律状态"标签,在下方子窗口显示该专利的法律状态信息,如图 3-2-13 所示。法律状态具体包括:专利法律状态,例如公开、实审、授权、视撤等;专利运营信息,例如转移、许可、质押等;无效信息,例如无效决定、证据、法律依据等;复审信息,例如复审决定、证据、法律依据等;诉讼信息,例如原告、被告等。当该专利存在复审和无效信息时,点击相应的"决定号",即可直接跳转至官方决定页面。

图 3-2-13 Patentics 快速浏览法律状态显示

(13) 下载 PDF

点击"下载 PDF"标签,即直接打开新窗口显示该专利的 PDF 文件,点击"下载"按钮即可下载,如图 3-2-14 所示。

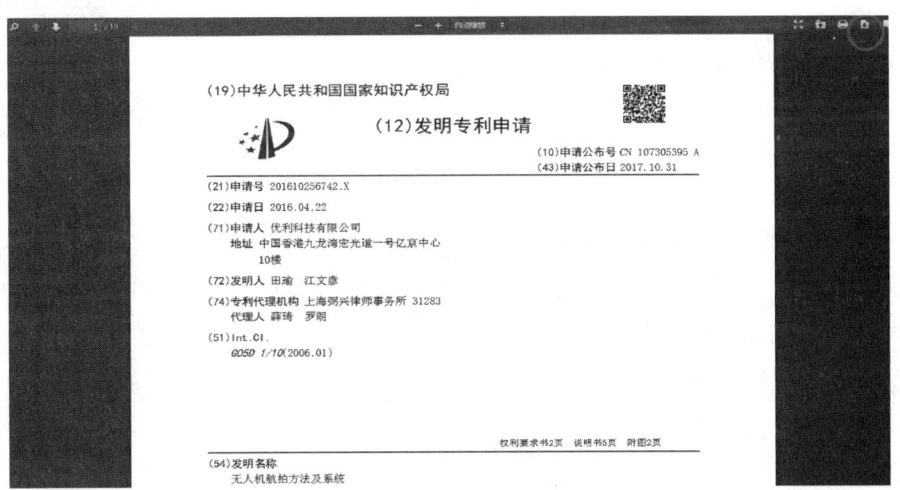

图 3-2-14 Patentics 快速浏览 PDF 下载

3.2.2 浏览器区别

网络版与客户端快速浏览器标签栏具备同样的按钮和同样的功能,但按钮图标略有不同。第 3.2.1 节介绍以网络版为基础,客户端的用户可将鼠标悬停在相应图标上,系统自动浮出该图标按钮释义。对于相同功能的按钮在此不再介绍，下面对不同功能的按钮进行介绍。

（1）网络版

1）分享

网络版快速浏览器最右侧顺序第一个按钮为"分享"按钮。点击"分享"，即可将该专利相关信息复制到 Windows 系统的剪贴板，进而可以发送给他人。将鼠标悬停在该按钮上，系统自动浮出显示该专利相关的信息，如图 3 - 2 - 15 所示。

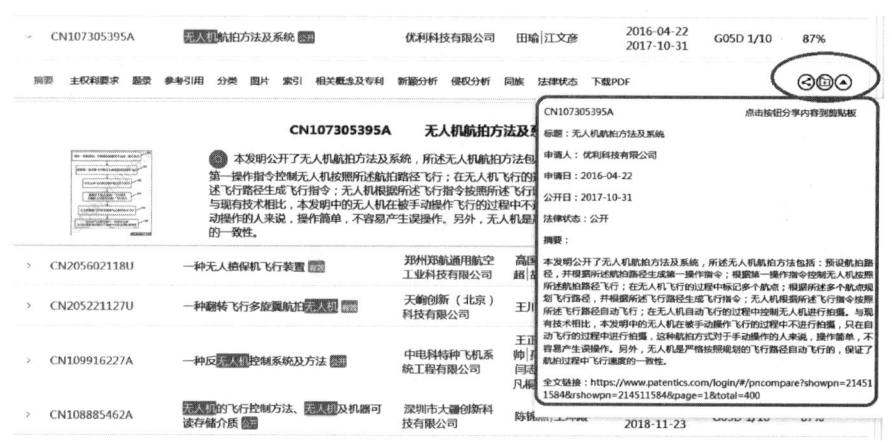

图 3 - 2 - 15　Patentics 网络版快速浏览分享信息显示

2）添加

网络版快速浏览器最右侧顺序第二个十字图形按钮为"添加"按钮，如图 3 - 2 - 15 所示。点击"添加"按钮，即可将该专利添加至项目收藏夹。项目收藏夹用于对比文件的存储，具体操作方法参见第 3.4.2 节介绍。

3）下一个

网络版快速浏览器最右侧顺序第三个三角形按钮为"下一个"按钮，如图 3 - 2 - 15 所示。点击"下一个"按钮，即可关闭本专利快速浏览器同时顺序打开列表下一个专利的快速浏览器。

（2）客户端

1）图示

点击快速浏览器中的"主权利要求"标签，在权利要求内容的首行末尾处为纸张图形的"图示"按钮，如图 3 - 2 - 16 所示。点击"图示"按钮，系统在权利要求中自动添加附图标记，并置于［　］中；同时，在权利要求内容旁显示该专利的附图；点击附图上方"向右"箭头，可翻页浏览该专利的所有附图；点击附图右上角红绿色"旋转"按钮，可将附图旋转。

2）用此专利重排序

客户端快速浏览器最右侧顺序第一个左箭头按钮为"用此专利对搜索结果进行相关度排序"。点击该按钮，即可在从搜索框中输入主搜索框原有检索命令，同时在其后添加"r/本专利",即在原有检索结果的基础上根据该专利进行语义排序,如图3-2-17所示。

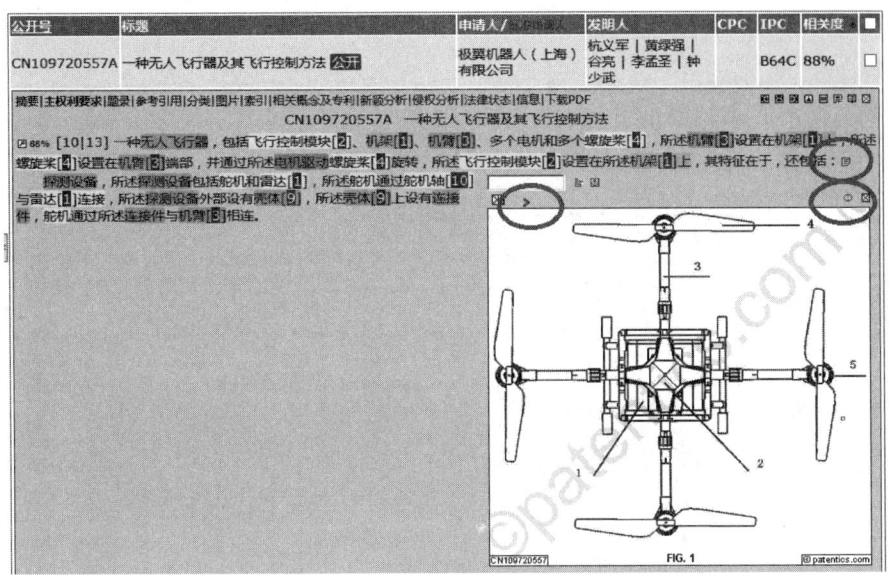

图3-2-16 Patentics客户端图示功能

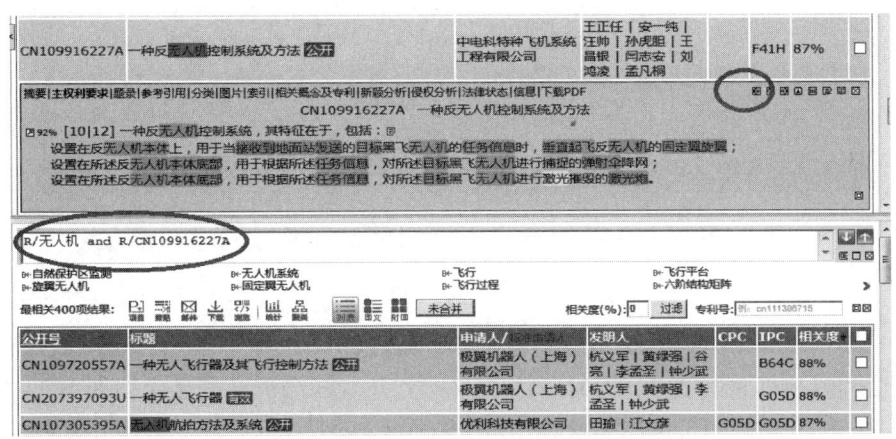

图3-2-17 Patentics客户端用此专利重排序功能

3) 相关度比较

客户端快速浏览器最右侧顺序第二个上箭头按钮为"相关度比较"。点击该按钮,弹出窗口显示该专利与搜索结果列表中第一个专利的相关度比较,如图3-2-18所示。

4) 去除此专利重排序

客户端快速浏览器最右侧顺序第三个右箭头按钮为"在从搜索中去除此专利的影响重新排序"。点击该按钮,则在从搜索框中输入主搜索框原有检索命令,同时在其后添加"nc/本专利",即在原有检索结果的基础上去除该专利的影响进行语义排序,如图3-2-19所示,从而减少不相关文献的语义干扰。

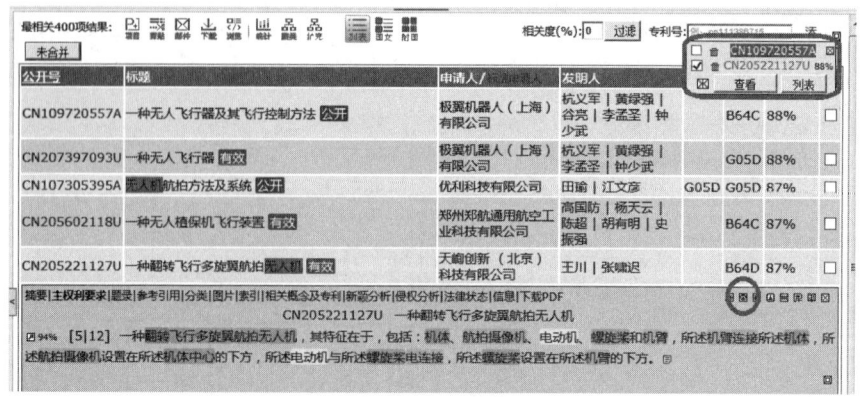

图 3-2-18　Patentics 客户端相关度比较功能

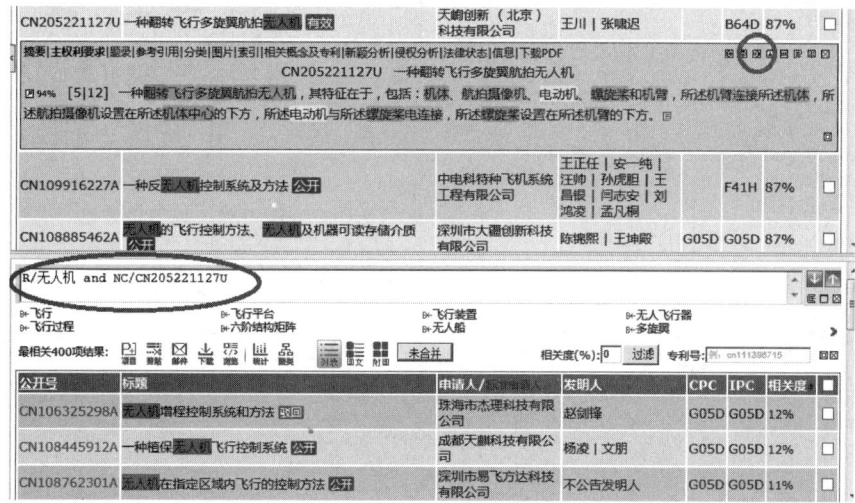

图 3-2-19　Patentics 客户端去除此专利重排序功能

5）置顶

客户端快速浏览器最右侧顺序第四个梯形按钮为"置顶"按钮。点击该按钮，即可将该专利置顶页面最上方，同时对该专利的公开号深绿色高亮显示，如图 3-2-20 所示，从而防止用户浏览过程中遗漏重要专利。

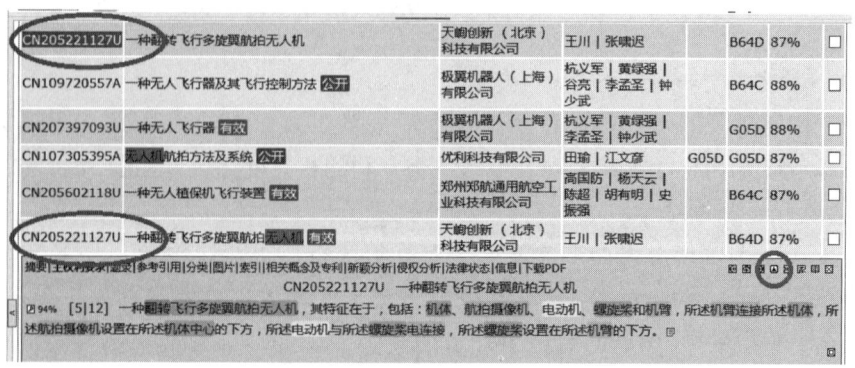

图 3-2-20　Patentics 客户端置顶功能

6）复制

客户端快速浏览器最右侧顺序第五个吕字形按钮为"复制"按钮。点击该按钮，即可复制该专利显示在原专利上方。按住"Ctrl"键的同时点击该"复制"按钮，可在原专利上方显示该专利的翻译版本，以便用于检索外文专利后查看中文翻译版本，同理，也可以调取中文申请的英文翻译版本，如图 3 – 2 – 21 所示。

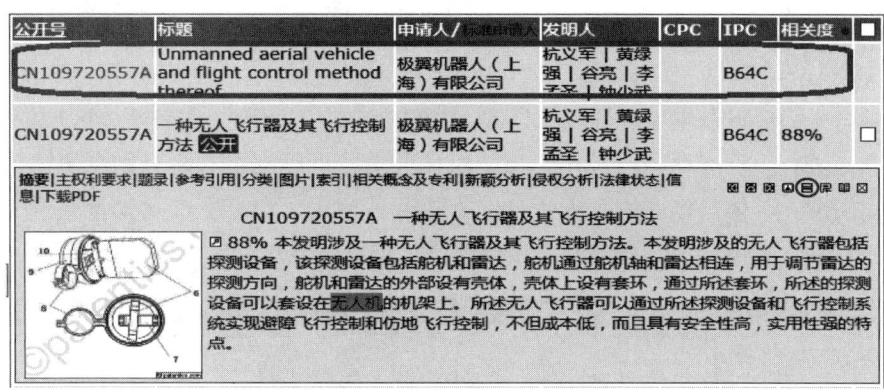

图 3 – 2 – 21　Patentics 客户端翻译复制功能

7）添加

客户端快速浏览器最右侧顺序第六个 P 形按钮为"添加"按钮。点击该按钮，即可将该专利保存到系统的项目收藏夹中。项目收藏夹用于对比文件的存储，具体操作方法参见第 3.4.2 节介绍。

8）剪贴

客户端快速浏览器最右侧顺序第七个书本形按钮为"剪贴"按钮。点击该按钮，即可将该专利暂存到系统的剪贴板中。"剪贴板"功能目前仅在 Patentics 网络版经典界面保留，故在此不作介绍。

9）关闭

客户端快速浏览器最右侧顺序第八个叉形按钮为"关闭"按钮。点击该按钮，即可关闭当前快速浏览器。

3.3　全文浏览

全文浏览的浏览器能够以图文并茂的形式给用户呈现各种信息。获得检索结果后在浏览区域显示专利列表，系统默认状态浏览器是关闭的。**点击专利"公开号"，可以逐一调用展开全文浏览的浏览器**，网络版打开新页面显示全文浏览的浏览器窗口，客户端在右侧子窗口显示相应的全文内容。

3.3.1 网络版全文浏览

网络版全文浏览器的工具栏默认为隐藏状态,以便使浏览区域最大化。把鼠标移至页面上方黑色区域,工具栏自动浮出,如图 3-3-1 所示,从左至右依次为:对比开关、翻译开关、分享按钮、高亮词按钮、自动推送开关,以及其他辅助按钮。

(1) 对比浏览

全文浏览界面分为三栏显示:最右侧为专利列表栏;左右两栏均显示专利的详细信息,包括全文内容以及索引、词频统计等,如图 3-3-1 所示,左右两个区域的文献均可以独立地进行上下滚动翻页操作。打开对比开关,可以在左右栏分别浏览两件专利,便于对比阅读。具体操作方法需配合自动推送开关使用,参见下文自动推送开关介绍。关闭对比开关,页面显示一篇专利,相应地增大浏览区域。

图 3-3-1　Patentics 网络版全文浏览器对比浏览

(2) 翻译

打开对比开关后,左右两栏各有一个翻译开关,左侧开关控制左侧专利的翻译,右侧开关控制右侧专利的翻译。在正文中相应地提供中文和英文的切换按钮,如图 3-3-2 所示。在关闭翻译开关时,翻译功能则不能使用。

(3) 分享

全文浏览器中分享按钮与快速浏览器的分享按钮作用相似。点击"分享",即可将该专利相关信息复制到剪贴板,进而发送给他人;将鼠标悬停在该按钮上,系统自动浮出显示该专利相关的信息,如图 3-3-3 所示。

(4) 高亮词

点击"高亮词"按钮,弹出高亮词设置框,如图 3-3-4 所示。系统提供 20 种颜色用以标记,在每种颜色对应的输入框中输入希望高亮显示的内容,全文浏览页面会自动寻找并以相应颜色高亮显示。勾选高亮颜色前的勾选框,则执行高亮显示;去掉勾选,相应的部分将不再高亮显示。点击下方的"清空"按钮,可以一次将所有输入框中的内容全部清空;点击"保存"按钮,可以将本次高亮设置的内容保存下来,在下次打开全文浏览窗口时,该高亮设置依然存在,页面会自动高亮显示相应的内容。

图 3-3-2　Patentics 网络版全文浏览器翻译功能

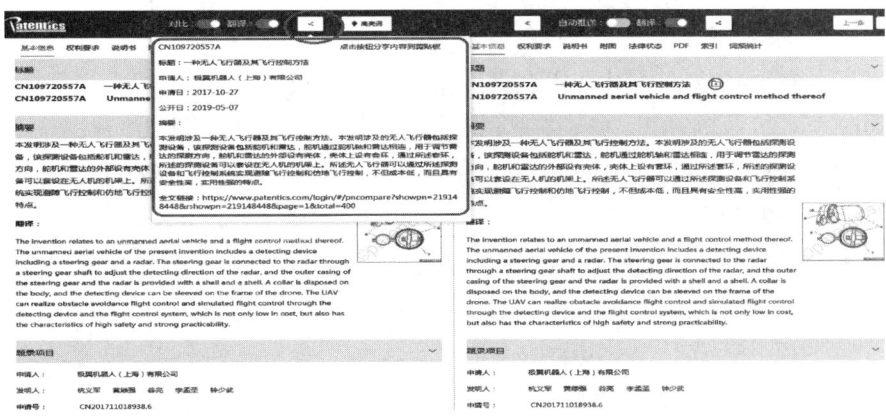

图 3-3-3　Patentics 网络版全文浏览器分享功能

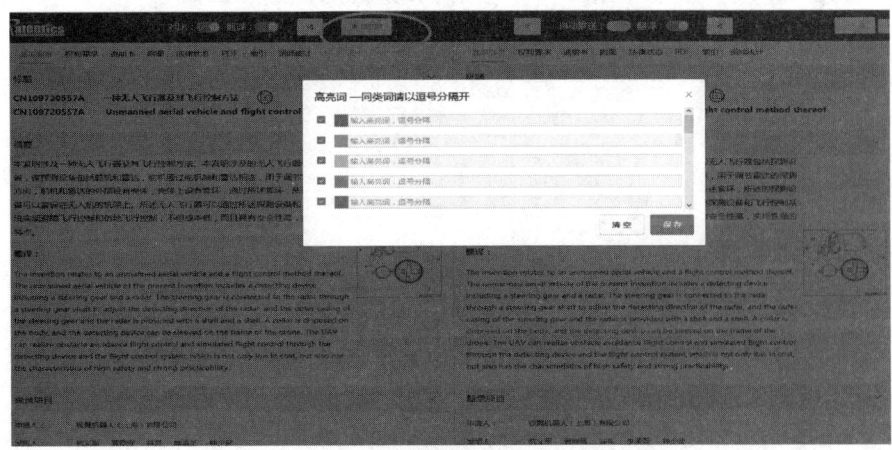

图 3-3-4　Patentics 网络版全文浏览器高亮词功能

（5）自动推送

使用自动推送开关的前提是打开对比开关。在开启两栏显示后，打开自动推送开关，点击右侧列表专利，系统会自动在左右均显示该件专利；关闭自动推送开关，点击右侧列表专利，右侧浏览区专利会随之变化，而左侧文献则保持锁定状态，如图3-3-5所示。

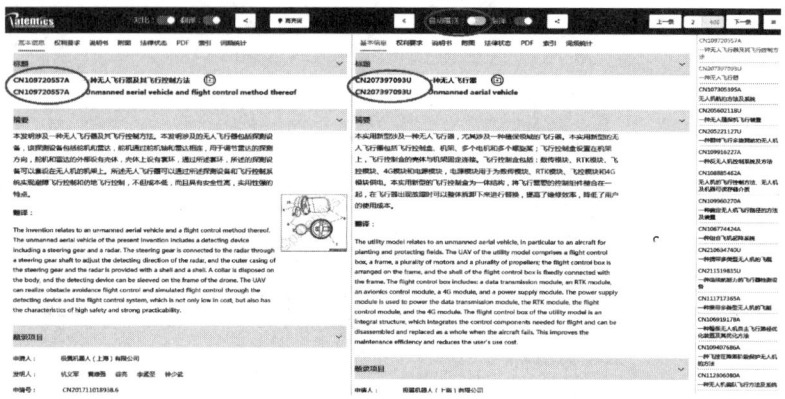

图3-3-5　Patentics网络版全文浏览器推送功能

（6）固定右侧专利

自动推送按钮旁的箭头按钮为固定右侧浏览区域专利按钮。使用前提是打开对比开关，关闭自动推送开关。如前所述，点击右侧列表专利，右侧浏览区专利随之变化，左侧专利保持锁定；此时点击"箭头"按钮，则将右侧专利推送至左侧，从而将右侧专利固定。

（7）展开专利列表

工具栏最后侧为展开专利列表按钮。点击该按钮，可以展开显示或隐藏专利列表栏，从而使浏览区域最大化。

（8）附图原位显示

点击说明书中相应的图号，如图3-3-6所示，弹出相应的附图子窗口，鼠标左键点住黑框可进行附图移动，滚动鼠标滚轮可进行图片缩放。

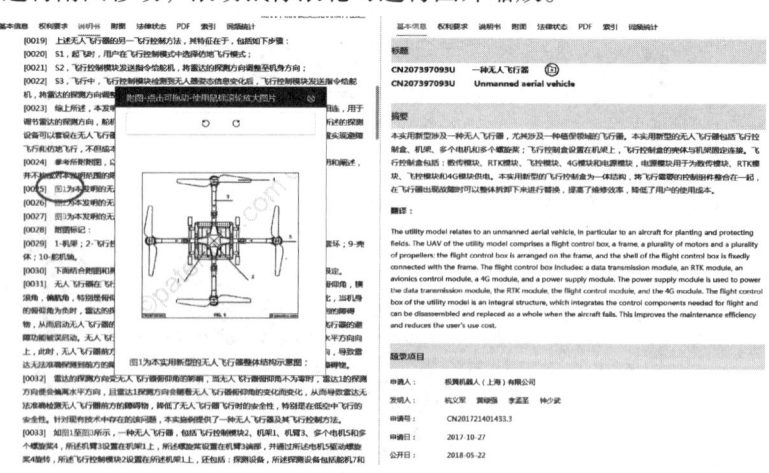

图3-3-6　Patentics网络版全文浏览器附图原位显示

3.3.2 客户端全文浏览

（1）页面介绍

客户端全文浏览与网络版不同，网络版全文显示在一个新网页中，客户端的检索结果列表与全文分别显示在左右两个子窗口，如图3-3-7所示。如第1章第1.3.3节所述，两个子窗口最下方为标签栏，左侧标签栏设有7个页面，右侧标签栏有6个页面。获得检索结果后，在左侧独有的"远程"页面显示专利列表，"远程"页面是获取数据的区域；点击专利"公开号"，在右侧"全文"页面显示该专利全文信息，如图3-3-7所示；点击左侧"图片"页面，则在左侧显示该专利全部附图；点击右侧全文上方"PDF"按钮，则在左侧"PDF"页面显示该专利的PDF；点击右侧全文上方"G&文"按钮，则在左侧全文页面显示该专利的翻译版本。

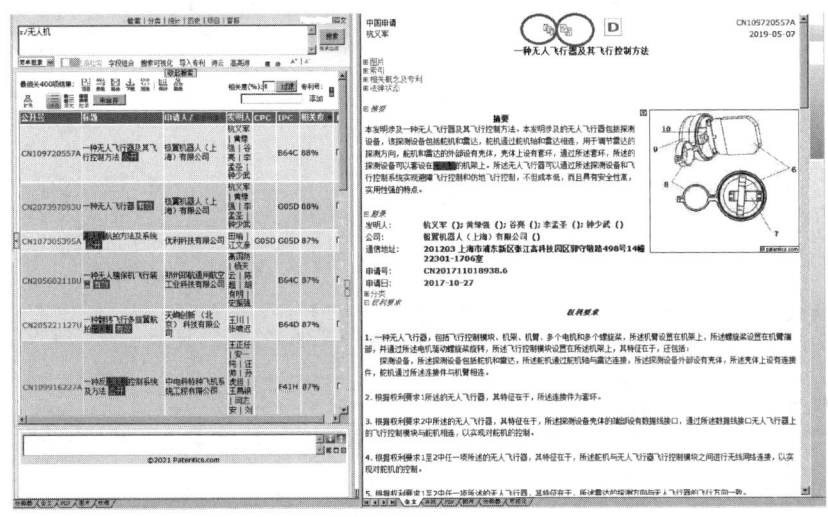

图3-3-7　Patentics客户端全文浏览器显示

当需要左右侧显示不同专利对比浏览时，切换至"远程"专利列表页面，按住"Ctrl"键的同时点击相应的公开号，则在左侧全文页面显示点击的另一专利，如图3-3-8所示。

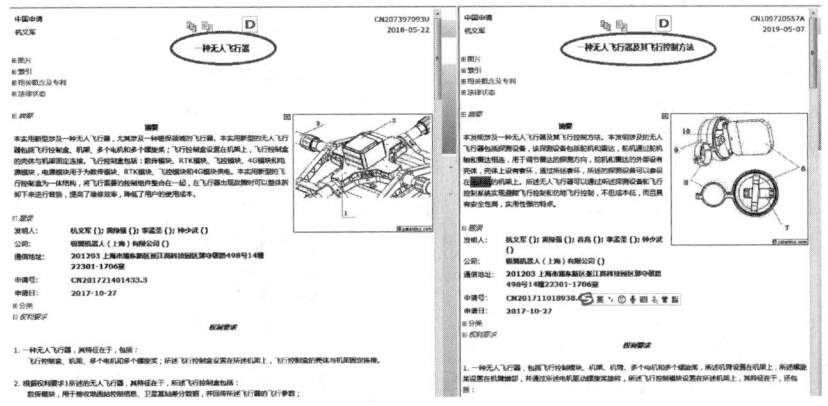

图3-3-8　Patentics客户端全文浏览器对比浏览

当用户习惯左侧看全文，右侧看 PDF 时，可以进行左右视图的切换。在右侧全文页面空白处，点击鼠标右键，弹出操作栏，选择"打开到左视图"，如图 3-3-9 所示，则在左侧子窗口打开该全文，点击"G&文"按钮，则在右侧全文页面显示该专利的翻译版本。

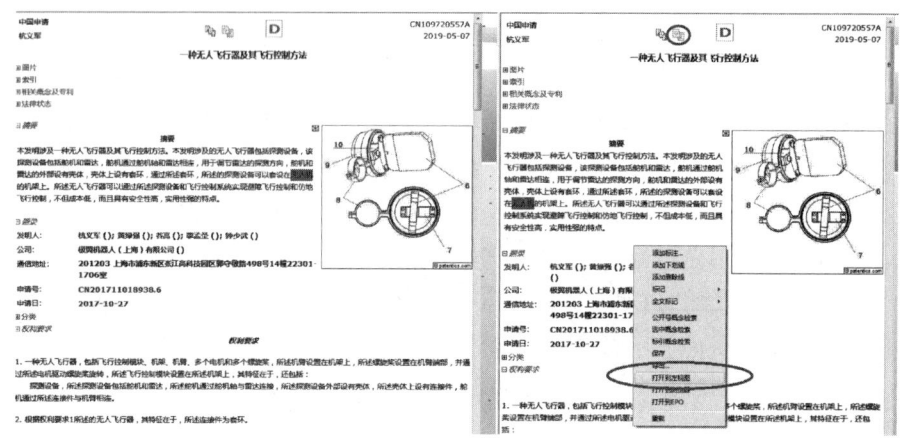

图 3-3-9　Patentics 客户端全文浏览器推送功能

（2）查找及高亮显示

在上方菜单栏输入框中输入查找内容，如图 3-3-10 所示，点击回车或"查找"按钮，则在当前页面进行相应内容的查找。查找内容可以包括专利号、文字、分类号、相关度。

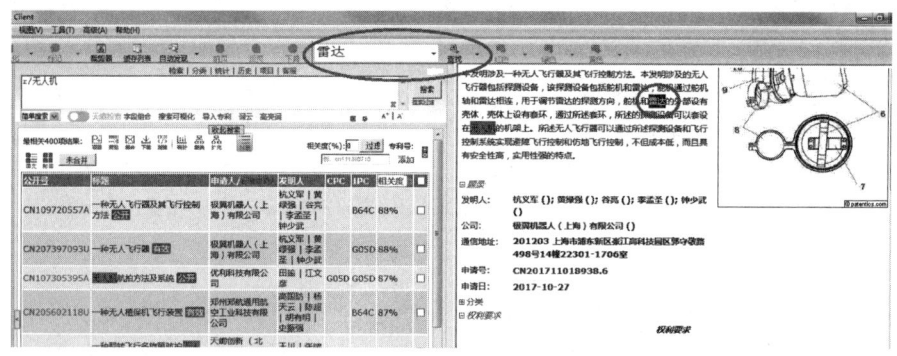

图 3-3-10　Patentics 客户端全文浏览器查找功能

在全文显示子窗口的右侧可以看到绿色、紫色、蓝色的色条，其对应内容为全文的摘要、权利要求以及说明书，如图 3-3-11 所示。输入查找内容后，系统在查找输入框中自动记录输入内容。对于需要高亮显示的内容，点击下拉框，勾选相应的内容，点击右键进行颜色的选择，选择后点击左键确定执行该高亮显示，如图 3-3-11。

除查找外，还可以通过标记进行高亮显示。在全文页面选择希望标记的相应内容，鼠标选择后点击右键，选择"标记"或"全文标记"，进而选择相应的颜色，如图 3-3-12 所示。"标记"按钮为单独对此处内容进行标记；"全文标记"为在全文范围内对该内容均进行标记。标记后，在右侧的色条上显示对应的小色条，为标记内容的位置，如图 3-3-13 所示，用户可以点击相应的小色条进行快速定位。在进行颜色标记后，菜单栏右侧相应颜色的按钮会从不可点击的灰色变为亮色，点击按钮旁的三角标记，进一步点击"移除"按钮，即可取消相应的高亮颜色标记，如图 3-3-13 所示。

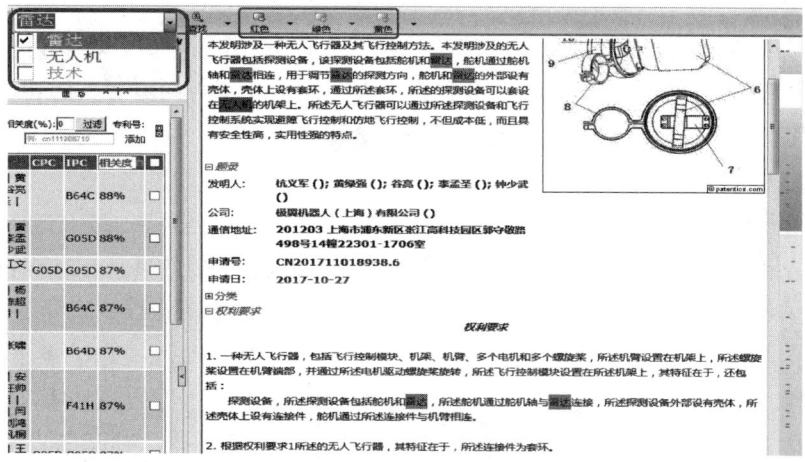

图 3-3-11　Patentics 客户端全文浏览器高亮显示功能

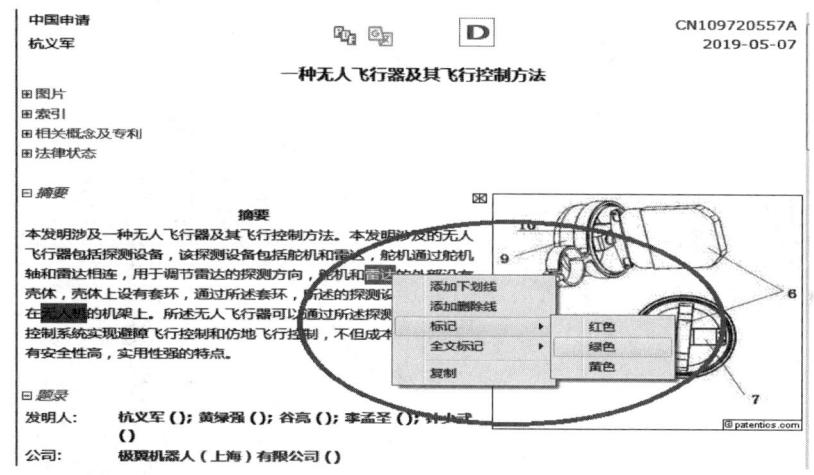

图 3-3-12　Patentics 客户端全文浏览器标记功能

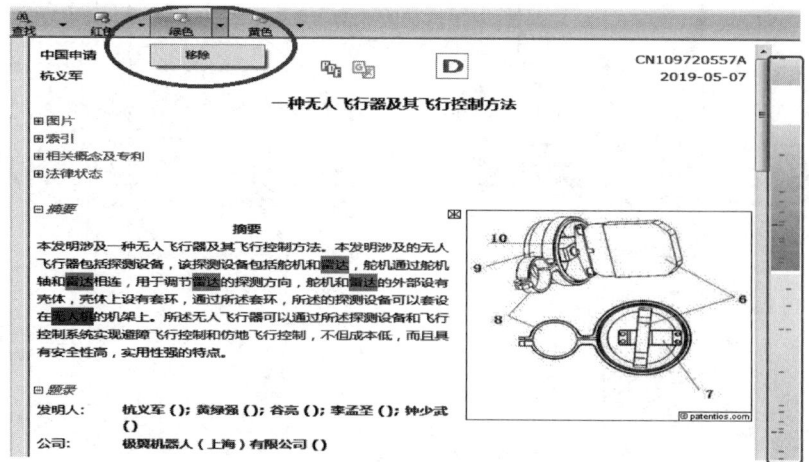

图 3-3-13　Patentics 客户端全文浏览器高亮移除

3.3.3 客户端分类器

分类器是 Patentics 客户端最强大的工具，其大部分功能体现在专利分析的应用中，具体将在第 4 章进行详细介绍，本小节仅介绍客户端分类器与浏览相关的功能。**分类器功能的操作通常均通过鼠标右键弹出的操作栏进行。**

（1）数据导入

在使用分类器进行专利浏览之前，需要先将数据从远程页面导入分类器页面中，从而将检索结果的专利数据从服务器导入本地，实现快速浏览的效果。在远程页面获得检索结果后，将数据导入分类器有两种操作方法，即自动创建节点导入和指定节点导入。自动创建节点导入方法为：先切换至分类器页面，在分类器页面空白处点击鼠标右键，弹出操作栏，选择"导入"，进一步选择"导入主搜索"或"导入从搜索"，则在分类器页面生成节点文件夹，点击节点文件夹前的"+"打开节点，显示节点下的专利列表，如图 3-3-14 所示。指定节点导入方法为：先在分类器页面空白处点击鼠标右键，选择"新建"，则在分类器页面生成"New code"节点文件夹，单击选择节点后再点击鼠标右键导入主搜索或从搜索，如图 3-3-15 所示。

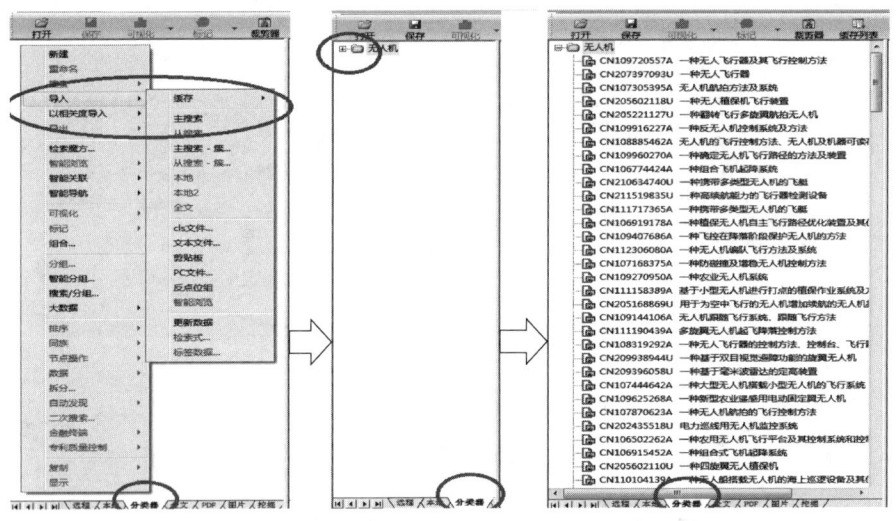

图 3-3-14　Patentics 客户端分类器自动创建节点导入数据

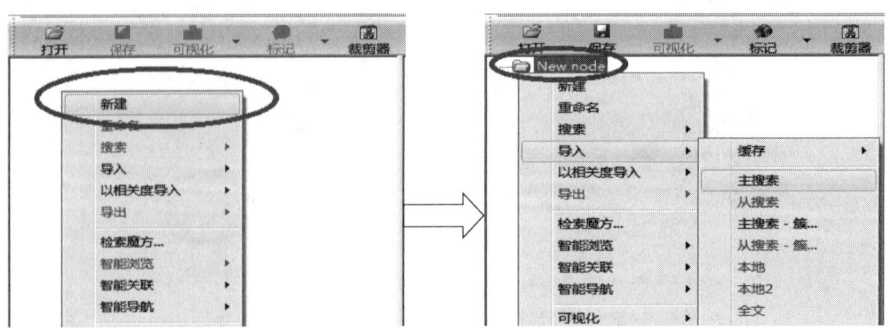

图 3-3-15　Patentics 客户端分类器指定节点导入数据

在分类器中导入专利数据后,鼠标双击专利,则在右侧全文页面显示该专利全文信息。在全文页面,依然可以进行前述查找、高亮等操作。分类器中的节点文件夹及专利列表均是可以编辑的,即可以删除、增加,也可以重新命名。编辑或浏览完成后,该分类器数据结构也是可以保存的,具体将在第 4 章进行介绍。

(2) 标记

鼠标单击选择列表中的专利后,点击鼠标右键,弹出操作栏,选择"标记",进一步选择"标记等级"或"颜色标记",如图 3 - 3 - 16 所示。在标记颜色设置框上方点击下拉菜单,即可选择相应的颜色,在"标记等级"中进一步选择相应的等级,则该专利前的图标显示为相应的等级,如图 3 - 3 - 16 所示。此外,还可以在全文页面点击"D"图标或点击键盘"D"键进行快速标记,标记后在列表中相应的专利前标记"D",如图 3 - 3 - 17 所示。需要清除标记时,点击选择"清空颜色""清空等级"或"清空全部",即可去除前述标记。同时,也可以采用同样的操作方法标记节点,可对整个节点下的专利同时批量进行标记,具体将在第 4 章第 4.2.2 节中介绍。

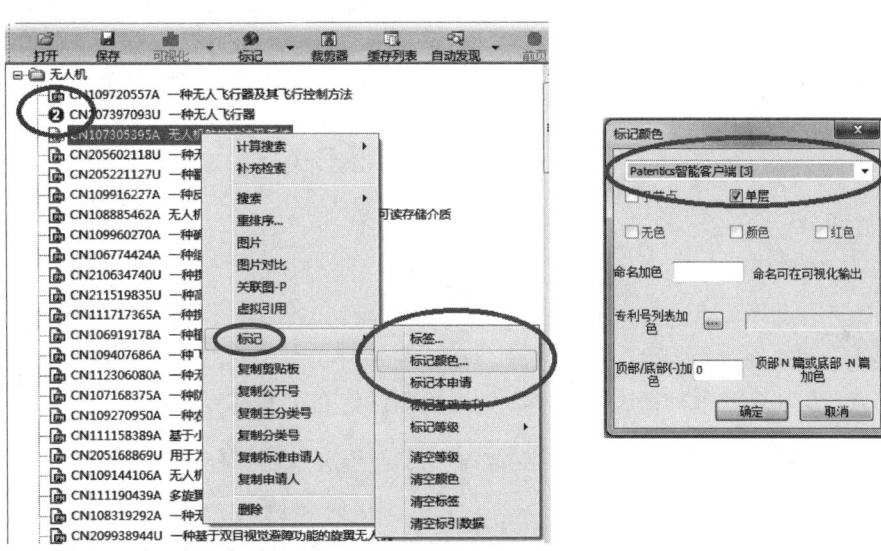

图 3 - 3 - 16 Patentics 客户端分类器标记功能

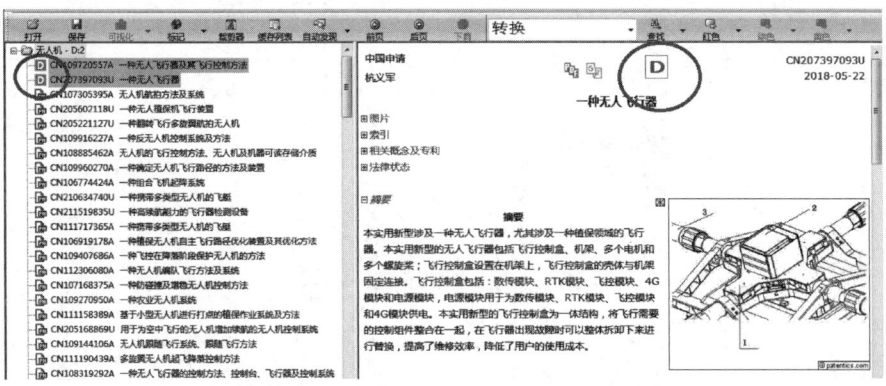

图 3 - 3 - 17 Patentics 客户端分类器标记快捷键

(3) 列表浏览

鼠标双击节点文件夹，则在右侧子窗口分类器页面同步显示该专利列表的浏览列表信息，如图 3-3-18 所示。所述信息包括：专利号、标题、申请人、发明人、申请日、公开日、国际分类等。在左侧树状结构的专利列表中进行标记等操作时，无法批量选择专利；在右侧列表浏览页面，可以使用"Ctrl""Shift"快捷键进行多选操作，从而实现批量标记，标记内容在左右侧专利列表同步显示。鼠标双击右侧专利，则在左侧全文页面显示该专利全文信息；在全文页面，依然可以进行前述查找、高亮等操作。

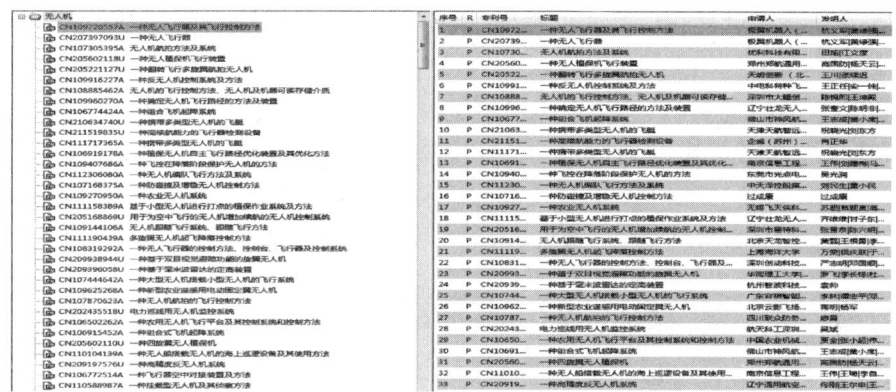

图 3-3-18　Patentics 客户端分类器列表浏览功能

(4) 排序

1) 基础排序

鼠标单击选择节点文件夹后，点击鼠标右键，弹出操作栏，选择"排序"，可以进一步选择"相关度""A-Z""申请日"等多种排序方式，如图 3-3-19 所示，从而对节点下的专利数据进行相应的排序。排序规则详细介绍参见表 3-3-1。

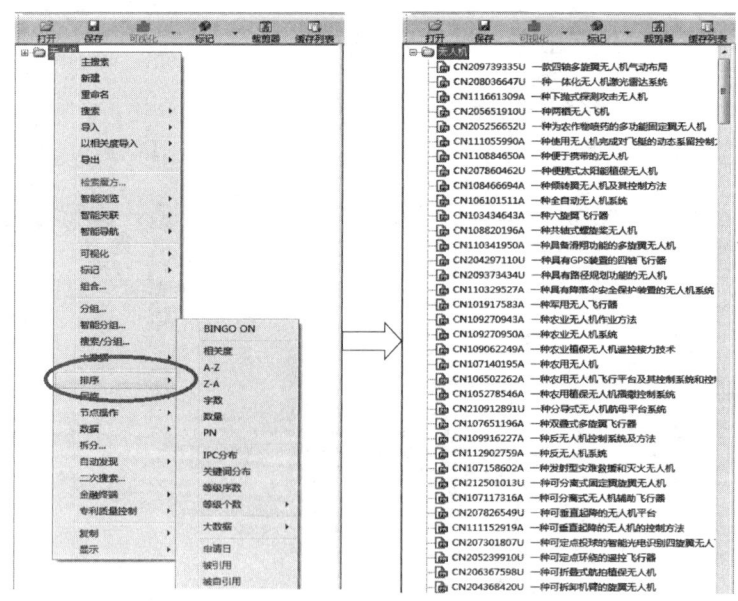

图 3-3-19　Patentics 客户端分类器 A-Z 排序功能

表 3-3-1　Patentics 客户端分类器专利数据基础排序规则

名称	排序规则	排序范围
A-Z	节点、节点下专利名称顺序排序	节点、节点专利
Z-A	节点、节点下专利名称逆序排序	节点、节点专利
字数	节点、节点下专利名称字数排序	节点、节点专利
数量	节点以专利数量由多至少排序	节点
PN	节点下专利 PN 号排序	节点下专利
申请日	节点下专利申请日由前至后排序	节点下专利
被引用	节点下专利被引用次数由多至少排序	节点下专利
被自引用	节点下专利被自引用（申请人引用自己专利）次数由多至少排序	节点下专利
被非自引用	节点下专利被非自引用（被他人引用）次数由多至少排序	节点下专利
被引用公司	节点下专利被引用公司数由多至少排序	节点下专利
被引用国家	节点下专利被引用国家数由多至少排序	节点下专利
同族	节点下专利同族数由多至少排序	节点下专利
同族国家	节点下专利同族分布国家数由多至少排序	节点下专利
专利度	节点下专利专利度由大至小排序	节点下专利
特征度	节点下专利特征度由大至小排序	节点下专利
颜色	节点按照软件提供颜色顺序排序，未标颜色不参加排序	节点
等级	节点排序，排序规则：当多子节点时，子节点下专利标记同等级，排序时选择等级数，将对应子节点置顶	节点

2）BINGO 排序

常规排序规则各自是独立的，都是基于单一指标的规则，并且我们知道单一指标只是反映专利某一方面的情况。因此，Patentics 系统提供"BINGO 排序"功能，以便更全面地反映该专利。在开启"BIONGO 排序"模式下，可以进行二元决策，即基于两个指标反映该专利的情况，并且两次排序的结果是可记录的。

具体操作方法为：点击选择节点文件夹后，点击鼠标右键，弹出操作栏，选择"排序"，进一步选择"BINGO ON"，弹出 BINGO 排序设置框，如图 3-3-20 所示。在框中输入标记前 n 项专利占总数的比例，例如输入 10，点击"确定"后菜单变为"BIN-GO OFF"。此时，选择第一次排序规则，选择方法与基础排序操作相同，则前 10% 的专利被标记为"a"；继而选择第二次排序规则，选择方法同样与基础排序操作相同，在保存标记下执行第二次排序规则，如图 3-3-21 所示。完成浏览后点击"BIMGO OFF"，即可关闭 BINGO 排序功能。由此可见，通过"BINGO 排序"功能可以找到经过多种排序规则均位于前列的专利，以此提示用户对这些文件应加以关注，使用户又获取了一个新的决策考量。

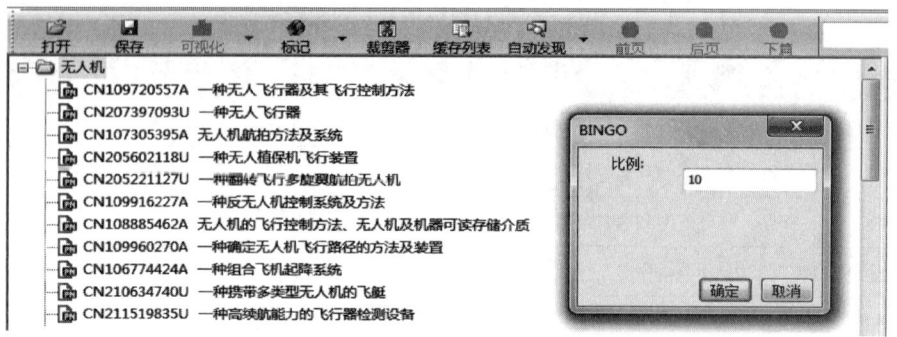

图 3-3-20　Patentics 客户端分类器 BINGO 排序设置框

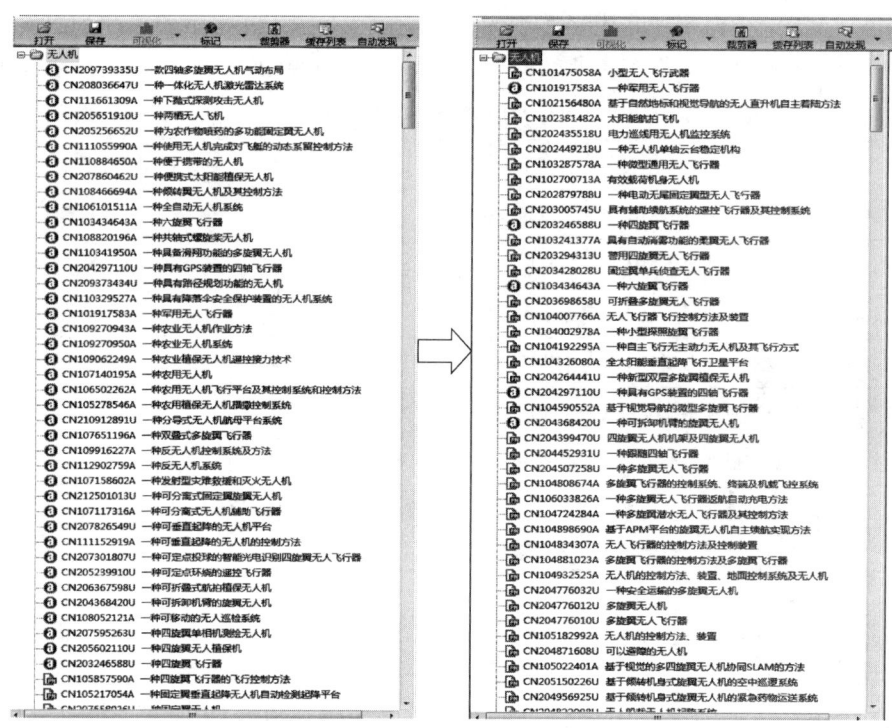

图 3-3-21　Patentics 客户端分类器 BINGO 排序功能

（5）二次搜索

鼠标单击选择节点文件夹后，点击鼠标右键，弹出操作栏，选择"二次搜索"，弹出二次搜索设置对话框，如图 3-3-22 所示。输入检索式，例如"ttl/无人机"，则在当前节点文件夹范围内执行相应的检索，不符合检索条件的专利将自动删除。

鼠标单击选择列表中的专利后，点击鼠标右键，弹出操作栏，选择"重排序"，如图 3-3-23 所示，则执行"用此专利对搜索结果进行相关度排序"，并弹出新窗口显示该排序结果。鼠标单击选择列表中的专利后，点击鼠标右键，弹出操作栏，选择"搜索"，可进一步选择相关（r/）、新颖（rdi/）、侵权（r/ and da/+）、公开号（pns/）等多种方式的检索，则在从搜索框执行相应的检索，其中"方法1""方法2""方法3"是质量控制模块，本书不作介绍。

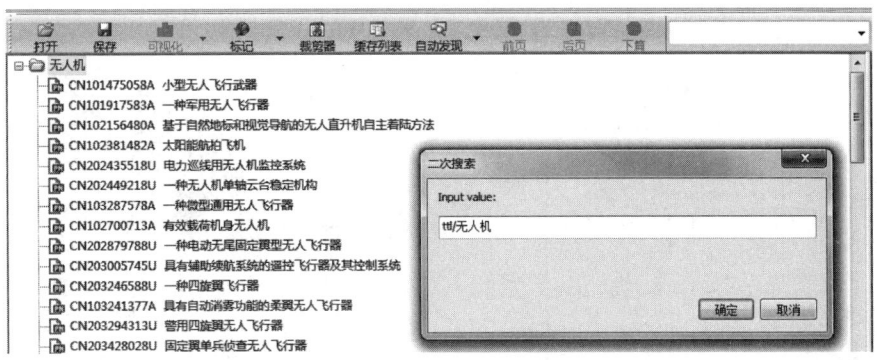

图 3-3-22 Patentics 客户端分类器二次搜索功能

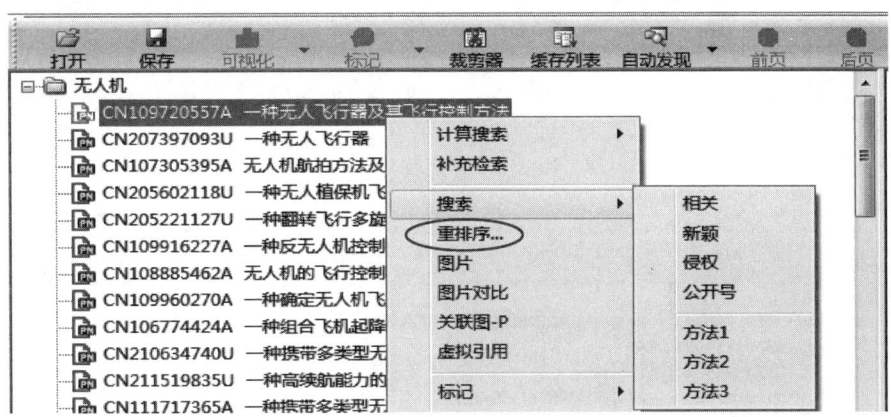

图 3-3-23 Patentics 客户端分类器搜索功能

（6）图片对比

鼠标单击选择列表中的专利后，点击鼠标右键，弹出操作栏，选择"图片"，则在右侧"图片"页面显示该专利附图；鼠标再点击选择需要对比浏览的专利，弹出操作栏，选择"图片对比"，则在右侧"图片"页面同时显示两件专利附图，如图 3-3-24 所示；可以依次增加多张附图对比浏览。

（7）翻译

单击选择节点文件夹后，点击鼠标右键，弹出操作栏，选择"复制"，进一步选择"翻译"，则自动生成新节点文件夹并与原数据结构顺序连接，如图 3-3-25 所示。新节点下的专利列表是对原节点下的专利进行批量翻译的版本（顺序有变化），该"复制翻译"功能仅对同时有两种语言库的专利数据适用。两种语言的数据库介绍参见第 2 章。

（8）智能浏览

智能浏览是 Patentics 智能系列中用于浏览的模块。由于太多用户认为 Patentics 系统过于复杂，操作困难，因此，Patentics 推出智能系列，是以目标结果为导向的操作模块，极大简化了操作强度。该系列包括智能关联、智能导航、智能代理、智能运营等模块，具体将在第 5 章介绍。

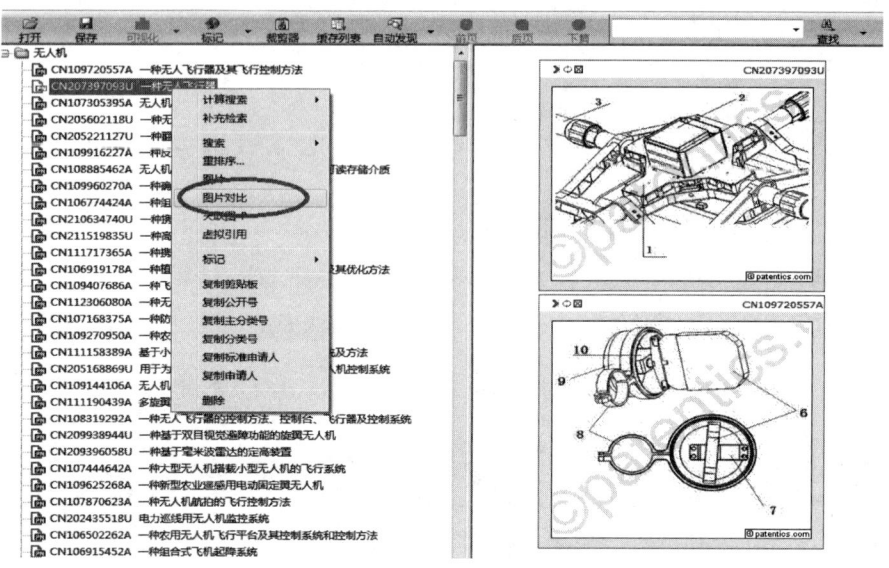

图 3-3-24 Patentics 客户端分类器图片对比功能

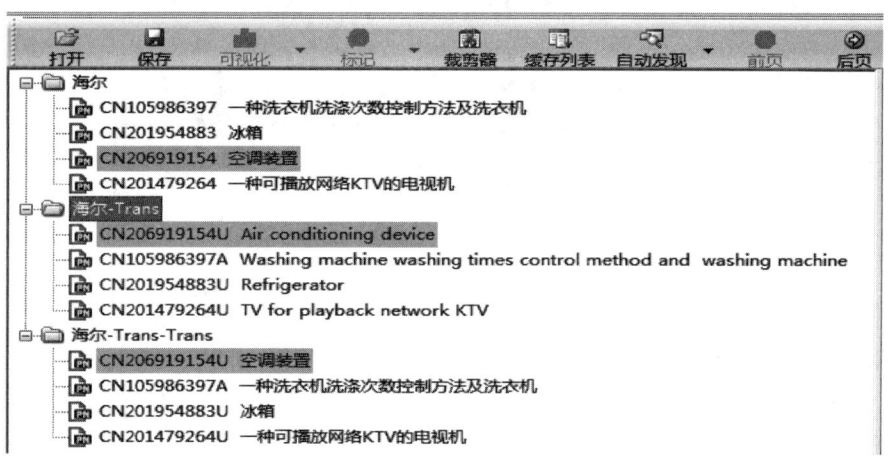

图 3-3-25 Patentics 客户端分类器翻译功能

1）技术路线分解

"技术路线分解"辅助用户根据分解的技术路线进行浏览筛选。单击选择节点文件夹后，点击鼠标右键，弹出操作栏，选择"智能浏览"，进一步选择"技术路线分解"，系统自动对当前专利数据根据语义模型提取 8 组相关技术分支，如图 3-3-26 所示，从而提供 8 个浏览方向，以及"探索路线"节点文件夹和 D 节点文件夹。"探索路线"节点文件夹下的专利数据是在 8 个技术分支中的每一个分支中，智能推荐一篇相关的专利文献。"D"节点为用户提供一个集中存储 D 标对比文件的位置，点击全文页面中的"D"标识或点击键盘"D"键，则在专利列表中该专利前标记为 D，同时存储至 D 节点文件夹。

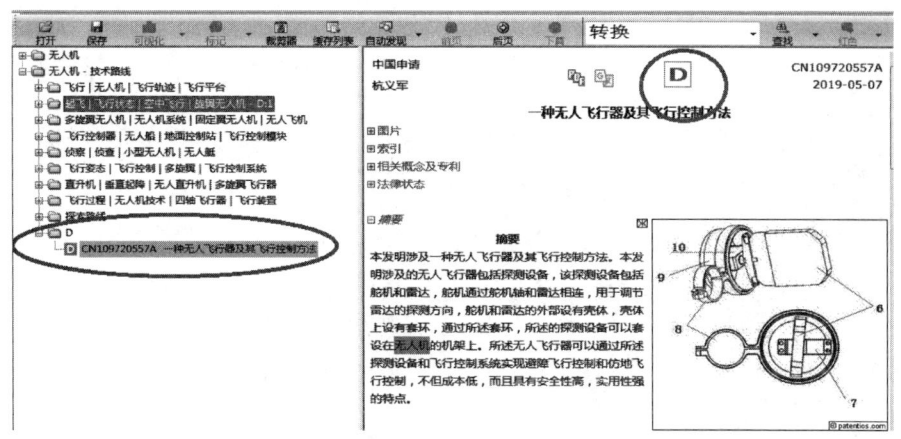

图3-3-26 Patentics客户端分类技术路线分解智能浏览功能

2）著录项分解

"著录项分解"辅助用户根据某著录项目进行浏览筛选。单击选择节点文件夹后，点击鼠标右键，弹出操作栏，选择"著录项分解"，进一步选择"IPC分解"等项目，系统自动对当前检索结果根据IPC分类号等项目分解为多组集合。

3）各种对比浏览模式

还可以选择智能浏览中的各种对比浏览模式，选择后，左右窗口自动跳转至全文页面，可同时显示该专利全文及附图等内容，实现左右对比浏览，通过上方菜单栏的"前页""后页"实现前一件、后一件专利的浏览。

3.3.4 客户端本地页面

本地页面在实际使用中主要用于攻防分析，较少用于检索结果浏览。攻防分析目前仅在客户端运营版和金融版中提供，故本书不作介绍，本小节仅对客户端本地页面浏览功能进行介绍。顾名思义，本地页面是指该页面数据及其操作是在本地机器上呈现和进行的。在本地页面浏览专利信息无须翻页，可以达到快速浏览的效果。

在使用本地页面进行专利浏览之前，需要先将数据导入本地页面。具体导入方法将在第4章第4.1.2节介绍。导入数据后，在本地页面显示与远程页面相同的专利列表，如图3-3-27所示。同样地，点击专利标题可以展开显示摘要及权利要求；点击专利公开号可以在右侧全文页面显示全文信息；在全文页面，依然可以进行前述查找、高亮等操作。下面依次从左至右介绍专利列表上方的功能键。

（1）图片对比

本地页面浏览功能按钮顺序第一个为"图片对比"按钮。勾选相应的专利，点击该按钮，即可在右侧图片页面打开所选专利的附图，如图3-3-27所示，实现对比浏览。

（2）查看原始记录

本地页面浏览功能按钮顺序第二个为"查看原始记录"按钮。勾选相应的专利，点击该按钮，即可显示该专利的来源，包括检索式、检索结果等，如图3-3-28所示。

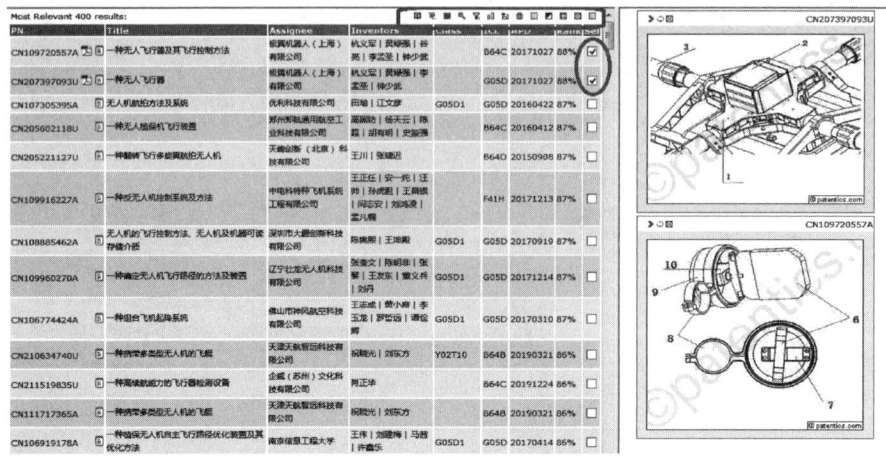

图 3-3-27　Patentics 客户端本地页面图片对比功能

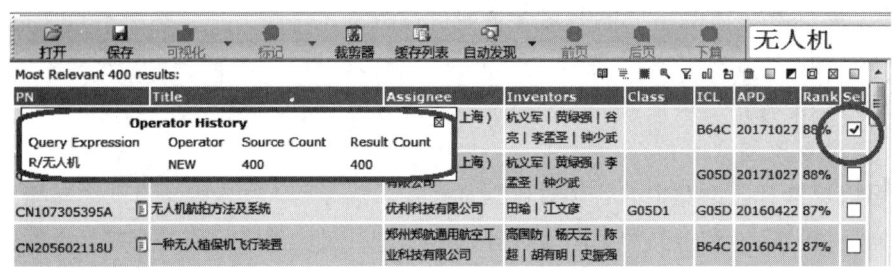

图 3-3-28　Patentics 客户端本地页面查看原始记录功能

（3）高亮显示

本地页面浏览功能按钮顺序第三个为"高亮显示"按钮。勾选相应的专利，点击该按钮，该按钮变为颜色选择框，可选择相应的颜色对勾选专利执行高亮显示，如图 3-3-29 所示。选择"None"，则去掉高亮显示；选择"Close"，则关闭颜色选择框，恢复高亮显示按钮。

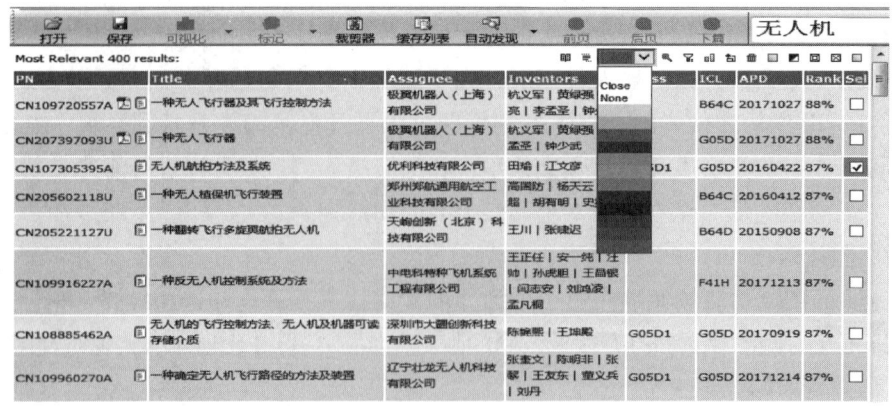

图 3-3-29　Patentics 客户端本地页面高亮显示功能

(4) 本地检索

本地页面浏览功能按钮顺序第四个为"本地检索"按钮。点击该按钮,弹出二次搜索设置对话框,输入检索式,则在当前列表范围内执行相应的检索,并对符合检索结果的专利进行勾选。

(5) 结果过滤

本地页面浏览功能按钮顺序第五个为"结果过滤"按钮。点击该按钮,弹出过滤设置对话框,如图 3-3-30 所示。输入过滤条件,并选择下方的"选中",则在当前列表范围内执行相应的检索,并对符合检索结果的专利进行勾选。

图 3-3-30　Patentics 客户端本地页面过滤功能

(6) 统计

本地页面浏览功能按钮顺序第六个为"统计"按钮。点击该按钮,则对当前列表范围进行申请人(标准申请人)、申请日、IPC 分类号前 10 位的统计,并生成柱状图。

(7) 上传

本地页面浏览功能按钮顺序第七个为"上传"按钮。勾选相应的专利,点击该按钮,系统自动在"远程"页面主搜索框执行该专利的检索。

(8) 删除

本地页面浏览功能按钮顺序第八个为"删除"按钮。点击该按钮,即可将选中的专利删除。

(9) 排序选择控制

本地页面浏览功能按钮顺序第九个为"排序选择控制"勾选按钮。在本地专利列表中,鼠标移至列表表头,鼠标指针变成小手,点击相应的表头,例如公开号、标题、分类号等,则根据该项目进行排序显示。当不勾选"排序选择控制"按钮时,对当前列表全部内容进行排序;当勾选该按钮时,需要对当前列表专利进行选择,然后选择相应的排序项目,则在勾选的专利范围内进行排序。

（10）反向选择

本地页面浏览功能按钮顺序第十个为"反向选择"按钮。点击该按钮，则之前未被勾选的专利将被勾选，操作结果与当前状态相反。

（11）全部选择

本地页面浏览功能按钮顺序第十一个为"全部选择"按钮。点击该按钮，则勾选当前所有列表专利。

（12）显示控制

本地页面浏览功能按钮顺序第十二个为"显示控制"按钮。勾选相应的专利，点击该按钮，可以同时全部展开或全部关闭勾选专利的"摘要&权利要求"显示。

3.4 工具导航栏

Patentics 系统对检索结果提供了丰富的辅助工具。通过系统工具集中提供的功能，用户既可以进一步理解语义模型的运算逻辑，调整检索策略，也可以存储并分享检索结果。

3.4.1 工具栏

专利列表上方蓝色按钮是工具栏，网络版工具栏从左至右依次为：邮件、下载、统计、聚类、扩充、排序、同族合并，如图 3-1-1 所示。客户端工具栏除具有同样功能的按钮，即邮件、下载、统计、聚类、扩充、同族合并，还具有"项目""剪贴"两个工具按钮。

（1）邮件

在获得检索结果列表后，点击"邮件"按钮，可以将当前检索结果发送至指定邮箱，并添加附言信息，如图 3-4-1 所示，系统支持同时发送给 4 个邮箱。接收到的邮件信息显示检索结果列表，并具有自动链接功能，如图 3-4-2 所示，无需 Patentics 账号，点击公开号，则自动链接到 Patentics 网站显示全文信息。

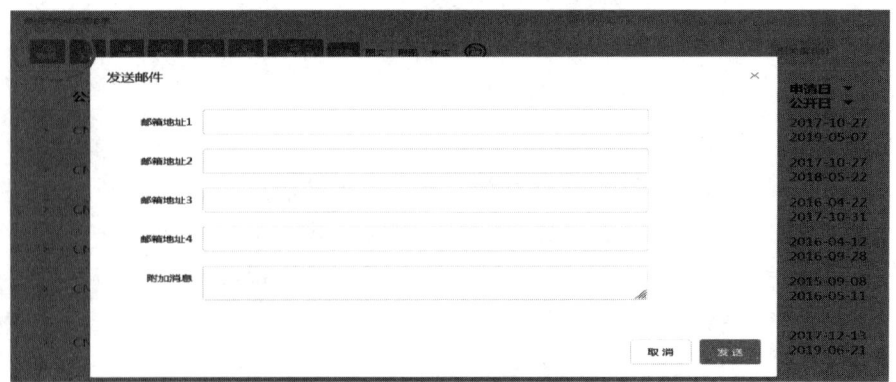

图 3-4-1　Patentics 邮件功能

图 3-4-2 Patentics 邮件接收显示专利列表

（2）下载

在获得检索结果列表后，点击"下载"按钮。网络版提供 6 种下载方案，包括导出大数据分组、导出公开/申请号、导出 Excel 文件、导出 CSV 文件、导出 PDF 文件、任务列表；客户端提供 4 种下载方案，包括导出 CSV 文件、导出公开/申请号、导入主搜索以及导出到双视图。大数据分组是 Patentics 系统为数据处理提供的又一强大工具，可以进行海量数据的分析，目前仅在客户端运营版和金融版中提供，故本书不作介绍；"导出公开/申请号"，是导出包括公开号或申请号的 txt 文件，详细介绍参见第 4 章第 4.4.1 节；点击"导出 Excel 文件"，导出的 Excel 文件可以包括若干专利信息，用户可以在弹出的设置框中选择所需导出信息，如图 3-4-3 所示，详细介绍参见第 4 章第 4.4.1 节；CSV 文件是一种常用于数据存储的文本文件，可用 Excel 打开；点击"导出 PDF"文件，可以同时导出多件专利的 PDF 文件，需要在弹出的设置框中填写相应的文件所在页数及文件篇数，如图 3-4-4 所示。点击"导入主搜索"，弹出输入框，直接输入申请号或公开号，点击"导入"（如图 3-4-5 所示），系统在主搜索框中执行相关专利的检索并显示结果（如图 3-4-6 所示）。该功能适用于少量专利的导入。

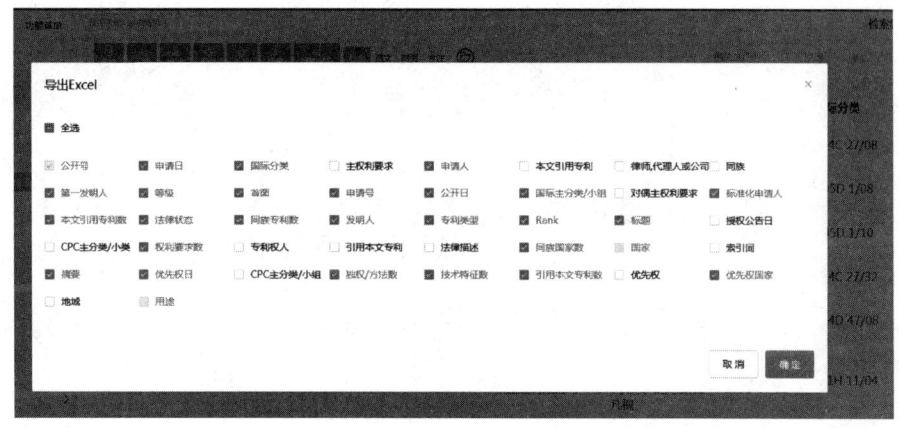

图 3-4-3 Patentics 网络版 Excel 下载设置

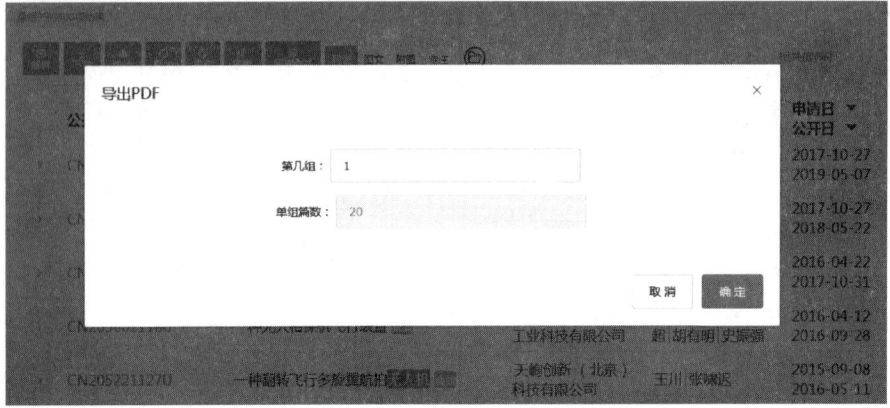

图 3-4-4　Patentics 网络版 PDF 下载设置

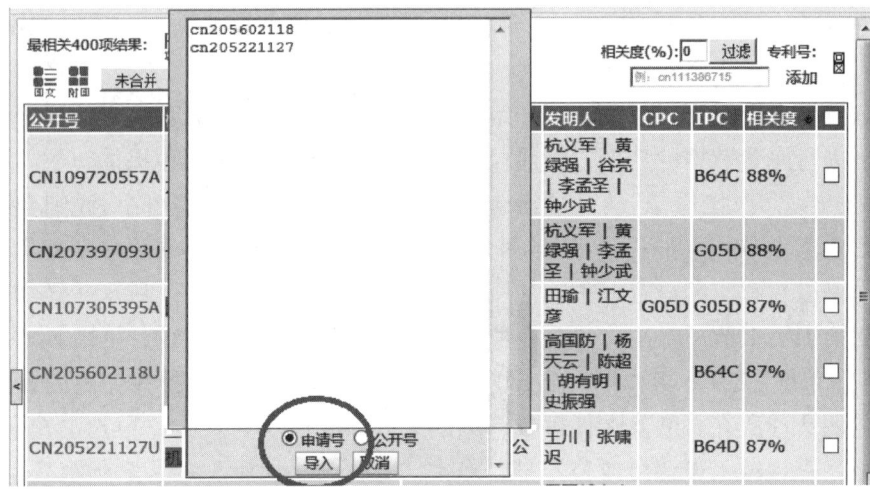

图 3-4-5　Patentics 客户端导入主搜索功能

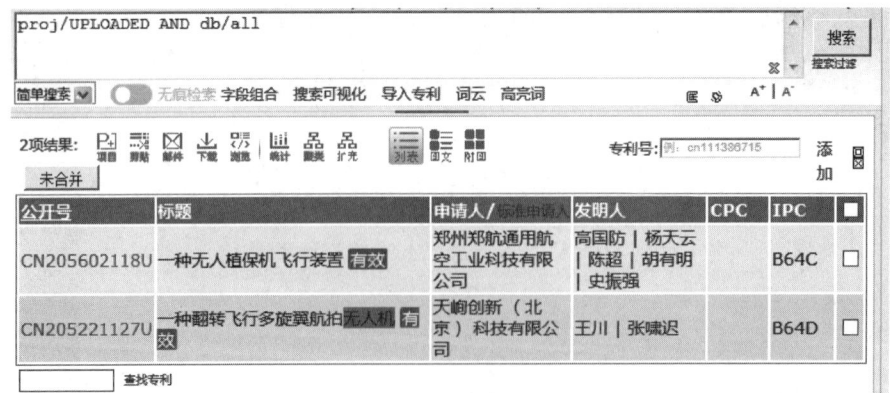

图 3-4-6　Patentics 客户端导入主搜索结果显示

(3) 统计

在获得检索结果列表后,点击"统计"按钮,系统自动对当前检索结果进行申请人(标准申请人)、发明人、IPC分类号前几位的统计,如图3-4-7所示。该分类号统计显示至大组,网络版点击分类号前的箭头,客户端点击分类号后的加号,可以进一步展开至小组。

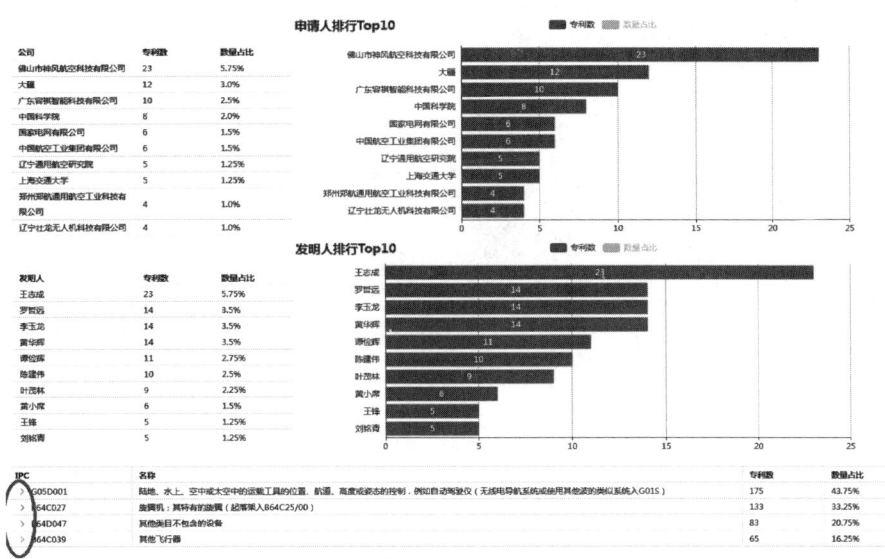

图3-4-7 Patentics网络版统计功能

(4) 聚类

在获得检索结果列表后,点击"聚类"按钮,系统自动对当前检索结果根据语义模型提取8组相关技术分类,并显示相对应的专利数量,如图3-4-8所示。"聚类"功能主要用于专利分析,具体将在第4章介绍。

图3-4-8 Patentics网络版聚类功能

(5) 扩充

在获得检索结果列表后,点击"扩充"按钮,系统显示根据语义模型提供的相关关键词列表,如图3-4-9所示,以便用户进行关键词扩充选择。同时,系统显示相关的主要申请人,点击相应的申请人,系统在扩充关键词中高亮显示该申请人所布局领域的对应关键词,如图3-4-9所示。在输入框中输入词可以在扩充关键词中高亮显示相应的内容,例如,在输入框中输入申请人名称,点击"选中"按钮,系统自动筛选该申请人所布局领域的对应关键词并高亮显示。

图3-4-9 Patentics网络版扩充功能

(6) 排序

在获得检索结果列表后,点击"排序"按钮,系统提供三种对检索结果的排序方式,如图3-4-10所示,分别为申请日、公开日和相关度排序。

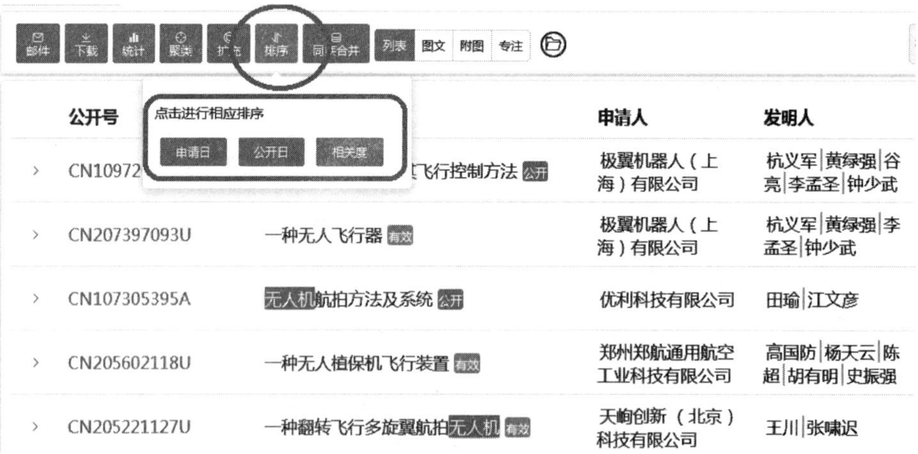

图3-4-10 Patentics网络版排序功能

(7) 同族合并

在获得检索结果列表后,网络版点击"同族合并"按钮,客户端点击"未合并"按钮,用户在弹出的对话框中对同族合并规则进行设置,如图3-4-11所示。首先,选择"简单同族合并"或"扩展同族合并"（简单同族和扩展同族的概念参见第 2 章第 2.3.4 节介绍），然后选择先按时间合并还是先按机构合并。时间顺序可以选择最早申请、最晚申请、最早公开、最晚公开的版本，机构顺序可以选择对应国家、地区或组织的专利。由此可见，从合并结果看，同族合并功能键与同族过滤算符作用一样，但功能键能够再进一步细化设置合并后保留显示的专利。

图 3-4-11 Patentics 网络版同族合并功能

（8）项目

点击 P 形"项目"按钮，即可将当前页的专利全部保存到项目收藏夹中。项目收藏夹用于对比文件的存储，具体操作方法参见第 3.4.2 节介绍。

（9）剪贴

点击书本形"剪贴"按钮，即可将当前页的专利全部暂存到剪贴板中。"剪贴板"功能目前仅在 Patentics 网络版经典界面保留，故在此不作介绍。

3.4.2 存储工具

作检索的用户都希望能够记录检索过程和检索结果，以便随时调取，不会因为退出账号而删除。Patentics 系统通过"检索案例"存储检索式，通过"项目收藏夹"存储对比文件，通过"导出"功能存储检索结果列表（参见第 3.4.1 节和第 4.4.1 节介绍）。下面对"检索案例"和"项目收藏夹"进行介绍。

（1）存储对比文件

Patentics 通过项目收藏夹实现对比文件的存储。网络版项目收藏夹模块设置于导航栏功能菜单页面下方，如图 3-4-12 所示；客户端项目收藏夹模块设于导航栏搜索统计页面下方。

希望保存对比文件，有两种操作方法。如前第 3.2 节所述，在浏览过程中，对于重点专利可以在网页版点击"添加"按钮，在客户端中点击 P 形"添加"按钮，弹出添加对话框，可以在弹出的添加对话框中选择"Temp"项目，直接点击"确认"按钮，则在项目收藏夹 Temp 项目中保存该对比文件，注销或退出登录后，系统会自动清空

"Temp"项目中的对比文件。也可以在弹出的添加对话框中将"Temp"项目切换为"新项目",如图3-4-13所示,输入新项目名称,并赋予特定颜色,点击"确认"按钮,则在项目收藏夹模块生成新的项目名称并保存该对比文件,如图3-4-13所示。同时专利列表中该专利以设定的颜色显示,添加的新项目及其中的对比文件将长期保存,不会因为注销或退出登录而清空。另一种方法则是先新建一个新的项目,点击图3-4-12中所示"新增"按钮,如图3-4-14所示,输入新的项目名称,然后对浏览过程中的重点专利,点击"添加"按钮,在添加对话框的项目栏中选择需要存储的相应项目,并赋予特定颜色即可。点击"项目收藏夹"窗口下拉菜单,选择相应的项目名称,可以随时调用存储的对比文件。对于不需要的对比文件,点击对比文件后的"垃圾箱"按钮;对于不需要的项目,点击"删除"按钮即可整体删除。

图3-4-12 Patentics网络版项目收藏夹

图3-4-13 Patentics网络版添加至项目收藏夹

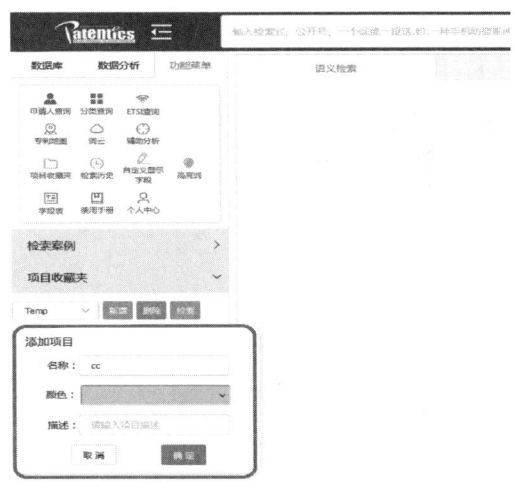

图 3-4-14　Patentics 网络版新建项目收藏夹

（2）存储检索式

Patentics 通过"检索案例"实现检索式的存储。网络版案例模块设于导航栏功能菜单页面下方，如图 3-4-15 所示；客户端案例模块设于导航栏搜索统计页面下方。

图 3-4-15　Patentics 网络版检索案例

默认状态下，在主搜索框输入检索式进行检索后，案例区域中的"Temp 案例"自动把当前检索式存储作为临时案例，从搜索框的检索式不会自动存储；注销或退出登录后，系统会自动清空"Temp 案例"中的检索式。同时，也可以勾选案例中记录的检索式，实现直接调用不同检索式并进行互相之间的"and""or"布尔运算。

如果想要长期保存检索式，需要新建自定义案例文件夹。有两种操作方法：一种方法是对于已经存储在"Temp 案例"中的检索式，勾选需要长期保存的检索式，点击"新增"按钮，弹出对话框，输入用户自己命名的案例名称，如图 3-4-16 所示，点击"确定"，相应的检索式则转移至新案例中；另一种方法则是先新建一个案例文件夹，同样点击"新增"按钮，输入案例名称，点击"确定"，在该案例的状态下再进行检索即可，所有检索式自动存储在该案例中。点击"案例"窗口下拉菜单，选择相应的案例，可以随时调用存储的案例。

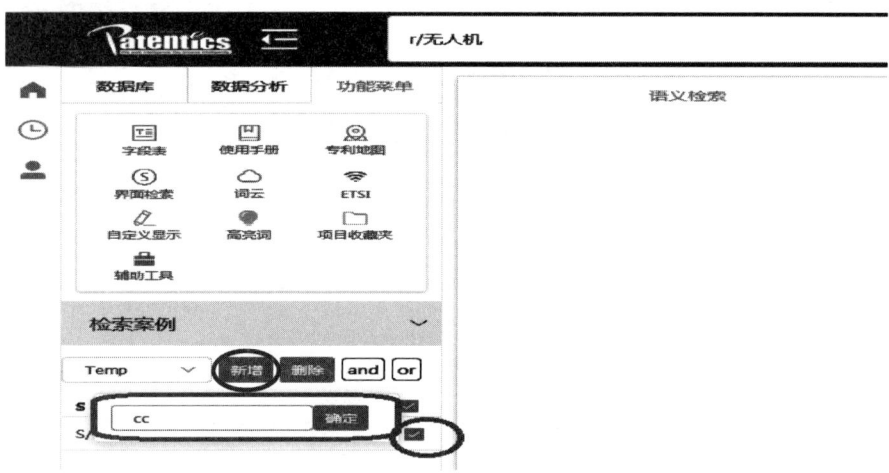

图 3-4-16　Patentics 网络版新增检索案例

在所有案例中，点击相应的检索式，即可在主搜索框中自动执行检索。同样地，对于不需要的检索式、不需要的案例，勾选后点击"删除"按钮即可。

第 4 章
专利分析

除去行业调查、技术分解和报告撰写,专利分析包括检索、数据处理、可视化三个环节;检索策略需要根据目标制定和调整。Patentics 系统强大的专利分析功能主要依靠客户端实现,客户端不同的功能模块通过右键弹出的操作栏实现,当符合激活条件时,相应的功能模块从不可点击的灰色变为黑色。本章主要介绍 Patentics 客户端基础版在数据处理和可视化环节的具体操作。各实例仅用于讲解操作方法,不具有专利情报价值。

4.1 客户端数据采集

数据采集是指将检索获得的原始专利数据根据后续专利分析的需要,以便于分析对数据格式进行数据导出和保存。因此,**导入专利数据是使用 Patentics 客户端进行专利分析的起点。**客户端支持采用多种方式传输多种类型的文件,并且对数据量没有限制(数据量介绍参见第 1 章第 1.2.4 节)。

4.1.1 数据导入

客户端具有 3 个导入数据的入口,远程页面、分类器页面,以及本地页面;远程页面支持 txt 文件上传,本地页面支持 pc 文件上传,分类器页面支持多种类型的文件。**客户端的专利分析操作主要在分类器中进行,将专利数据导入分类器是使用客户端进行专利分析的基础工作,**从而将数据导入本地,利用本地计算机的算力,对采集的数据进行加工整理。**在专利数据导入过程中,**系统对专利公开号或申请号进行自动识别。

(1)检索结果导入

1)主搜索/从搜索

在远程页面获得检索结果后,将数据导入分类器的两种操作方法——自动创建节点导入和指定节点导入已在第 3 章第 3.3.3 节介绍。自动创建节点导入数据后,节点根据检索式内容自动命名;指定节点导入数据后,节点名称不再变化,可通过重命名进行修改,具体介绍参见第 4.2.2 节。

2)检索式导入

检索式导入只能采用指定节点导入方法,单击选择节点后,点击鼠标右键,在操作栏中选择"导入",进一步选择"检索式",弹出输入框,如图 4-1-1 所示。在输入框中可以选择导入"主搜索""从搜索"或"自定义"。选择自定义,则需要在检索表达式输入框中输入检索式,点击"确定",即可执行检索式并在分类器中导入相应的检索结果。

图 4-1-1 Patentics 客户端以检索式导入

3）以相关度导入

在分类器页面空白处点击鼠标右键，弹出操作栏，选择"以相关度导入"，进一步选择"主搜索"或"从搜索"，弹出输入框，输入所需相关度，例如85。导入后，系统自动创建两个子节点"rank 85"和"rank 0"，分别表示相关度85以上和相关度0~85，并将相应的专利自动置于其中，如图4-1-2所示。

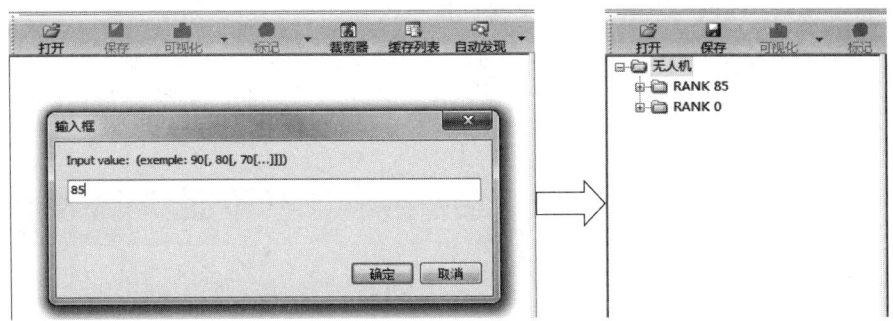

图4-1-2　Patentics客户端以相关度导入

4）专利簇导入

专利簇是Patentics又一重要概念，包括一件专利引用的专利、被引用的专利、扩展同族专利以及扩展同族的引用与被引用的专利（相关概念介绍参见第2章第2.3.4节），目的是采集所有相关的专利数据。专利簇的导入操作方法为：在分类器页面空白处点击鼠标右键，弹出操作栏，选择"导入"，进一步选择"主搜索-簇"或"从搜索-簇"，弹出设置框，如图4-1-3所示。勾选相应的选项，即可完成相应专利簇数据的导入。导入后，系统在专利数据前自动生成相应的标记等级，如图4-1-3所示，C表示引用的专利，D表示被引用的专利，F表示同族专利，F标记下方出现C或D表示同族引用或被引用的专利，直到下一个pn图标出现，是一组专利簇结束。

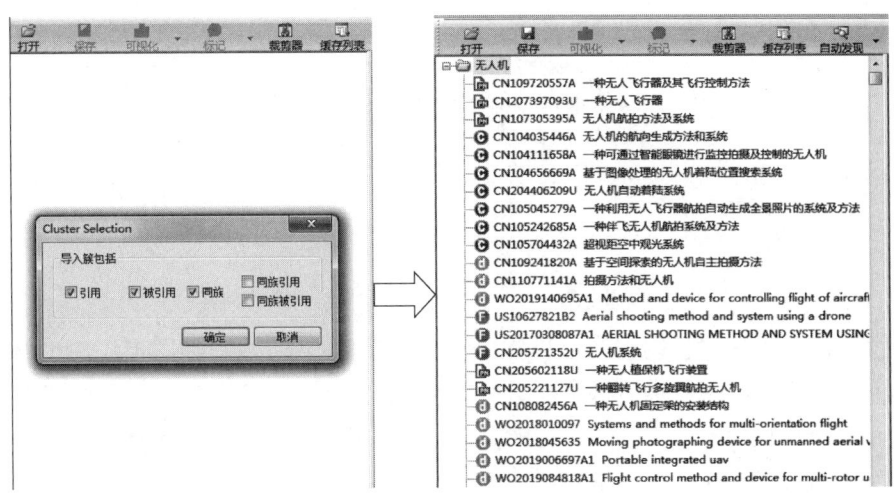

图4-1-3　Patentics客户端专利簇导入

（2）Windows 文件导入

1）txt 文件

在客户端导入 txt 文件内的专利数据，需要将专利公开号或申请号以每行一个的格式存储，如图 4-1-4 所示。在分类器页面导入 txt 文件操作方法为：点击鼠标右键，弹出操作栏，选择"导入"，进一步选择"文本文件"，即可完成专利数据的导入。在远程页面导入 txt 文件，点击"导入专利"按钮，如图 4-1-5 所示，进一步选择相应的文件，点击"上传文件"即可。由于各国申请号格式不同，**建议使用公开号导入**。使用申请号导入时系统将一起导入申请版本及授权版本，同时，**系统会自动识别文本中的专利号，错误的专利号不会被上传**。

图 4-1-4　Patentics 客户端 txt 文件导入格式

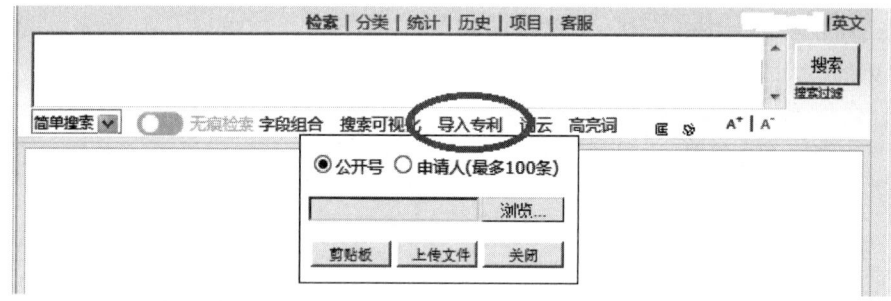

图 4-1-5　Patentics 客户端远程页面上传 txt 文件

2）剪贴板

在 Windows 系统中复制包括专利公开号或申请号的内容后，如图 4-1-6 所示，在分类器页面空白处点击鼠标右键，弹出操作栏，选择"导入"，进一步选择"剪贴板"，即可完成专利数据的导入。系统会自动识别复制内容中的专利公开号或申请号。

（3）系统文件导入

1）cls 文件

cls 文件是 Patentics 客户端分类器的专用文件，可以保存分类器的数据结构，读取速度快，主要用于数据处理过程中间结果和最终结果的保存和传输，可以实现没有做完的分析可以继续做，也可以在不同用户之间传输协作。在分类器中导入 cls 文件有两种操作方法：第一种，在分类器页面空白处点击鼠标右键，弹出操作栏，选择"导入"，进一步选系统文件夹"cls"内的相应文件；第二种，切换至分类器页面直接点击"打开"按钮，在 Patentics 系统文件夹中选择"cls"文件夹内相应的文件即可，如图 4-1-7 所示。

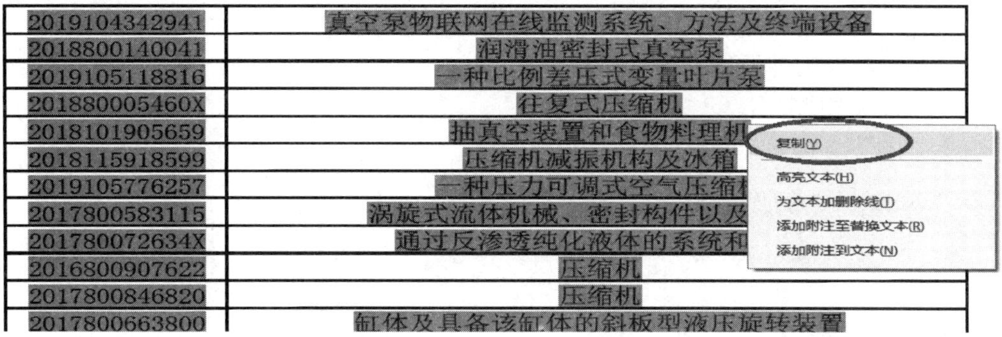

图 4-1-6　Patentics 客户端 Windows 剪贴板内容导入

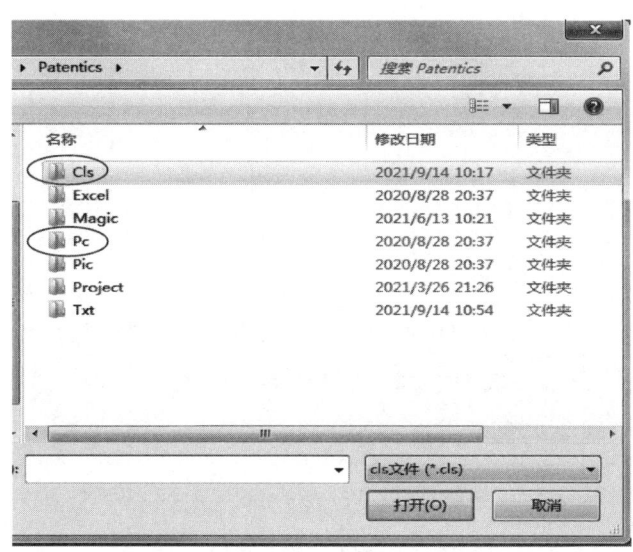

图 4-1-7　Patentics 客户端系统文件夹

2）pc 文件

pc 文件是 Patentics 客户端本地页面的专用文件，可以保存专利列表中的专利公开号、标题、申请人、分类号等信息，只能在客户端本地页面中打开显示，其处理速度略慢，适于保存最终结果。因此，pc 文件的导入，即本地页面数据导入，切换至本地页面，直接点击客户端"打开"按钮，在 Patentics 系统文件夹中选择"pc 文件夹"内的相应文件即可，如图 4-1-7 所示。

（4）缓存列表导入

缓存的特点是读写速度快，适合保存分析过程中的中间结果，缓存保存的数据是不可见的。Patentics 系统提供 8 个缓存列表，相当于可以在 8 个电子笔记本中保存专利数据。将已存储内容的缓存数据导入分类器中，如图 4-1-8 所示，在分类器页面空白处点击鼠标右键，弹出操作栏，选择"导入"，进一步选择"缓存"，显示 8 个缓存列表，点击相应的缓存，即可将缓存中的数据导入分类器。

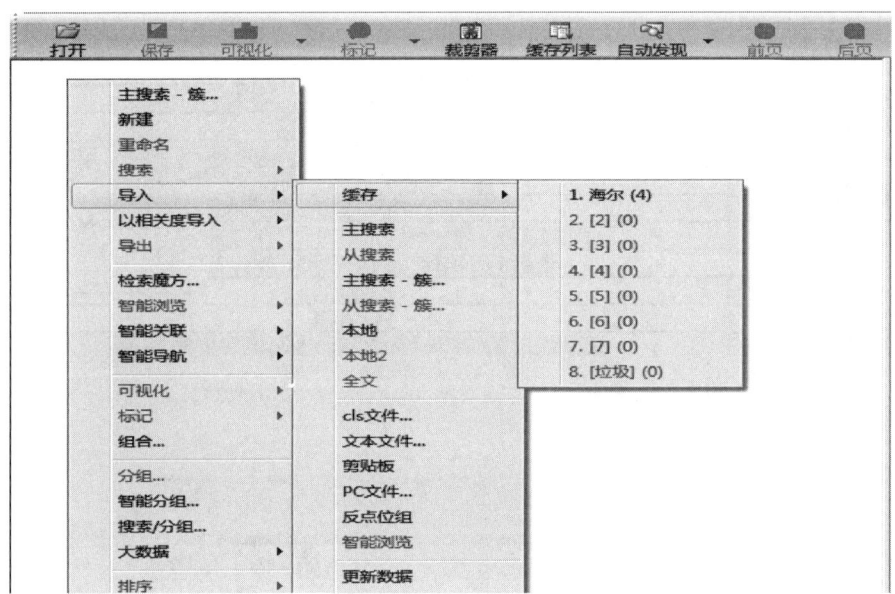

图 4-1-8　Patentics 客户端缓存列表导入

（5）本地页面导入

本地页面数据导入分类器可以选择性导入，先在本地页面勾选相应的专利，如图 4-1-9 所示，在分类器页面空白处点击鼠标右键，弹出操作栏，选择"导入"，进一步选择"本地"，即可导入本地页面勾选的专利；没有勾选，则默认导入本地页面全部数据。

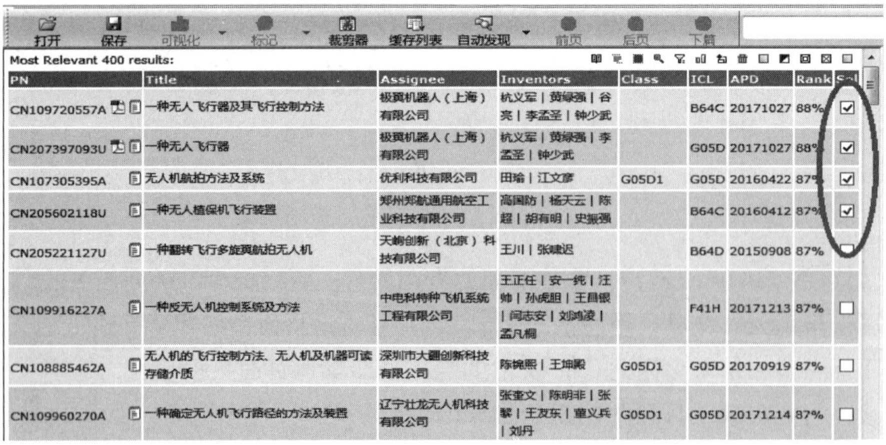

图 4-1-9　Patentics 客户端勾选本地页面导入

4.1.2 数据传输

（1）缓存列表

缓存列表的特点是读写速度快，适合保存分析过程中的中间结果，并进行数据运算、分析输出。**缓存列表数据是对数据的临时保存，客户端关闭后缓存列表数据将会清空**。点击菜单栏"缓存列表"按钮，如图4-1-10所示，弹出缓存列表操作框，操作框显示8个缓存列表。

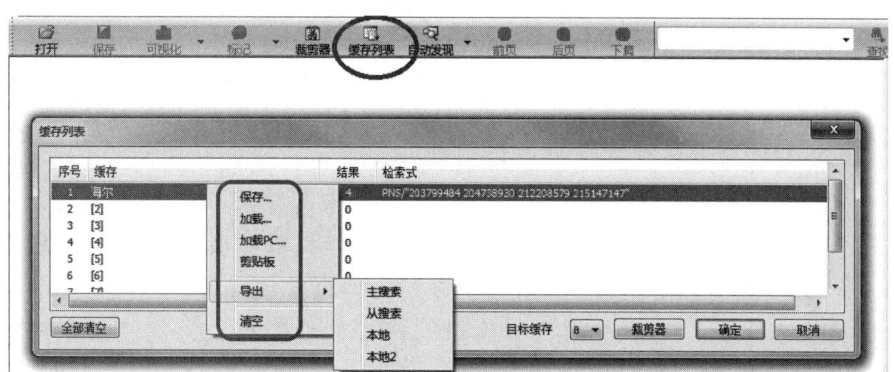

图4-1-10　Patentics客户端缓存列表操作框

单击选择列表中相应的缓存后，点击鼠标右键，弹出操作栏，如图4-1-10所示；选择"保存"可将缓存数据存为txt文件；选择"加载"可加载导入txt文件的数据；选择"加载pc"可加载导入pc文件的数据；选择"剪贴板"可加载导入Windows系统中复制的专利公开号或申请号内容；选择"导出"可进一步选择导出至主搜索、从搜索、本地、本地2，"本地"为左侧子窗口本地页面，"本地2"为右侧子窗口本地页面；选择"清空"可以清空当前选中的缓存。同时，系统提供了F1~F8快捷键分别对应8个缓存列表。在分类器页面，单击选择专利后，点击相应的快捷键（F1~F8），即可将选择的专利暂存至相应的缓存1~8中；直接点击F1~F8是将选择的专利剪切到相应的缓存列表中，点击Shift+（F1~F8）是将选择的专利复制到相应的缓存列表中。

如前所述，数据导入时系统会自动识别专利号，错误的专利号不会被上传，但是用户并不知道哪个专利号是错误的。需要识别错误的专利号时，不直接导入数据，先将数据加载至缓存列表，**错误的专利号将被识别**，系统自动弹出一个文本文件显示该错误号码。

缓存中不同列表之间还可以进行逻辑运算，按住"Ctrl"键的同时点选不同列表，点击鼠标右键，出现"and""or""andnot"或"清空"选项，如图4-1-11所示。同时，在缓存列表操作框下方的"目标缓存"进行选择，选择相应的运算执行后，则在目标缓存保存运算结果。

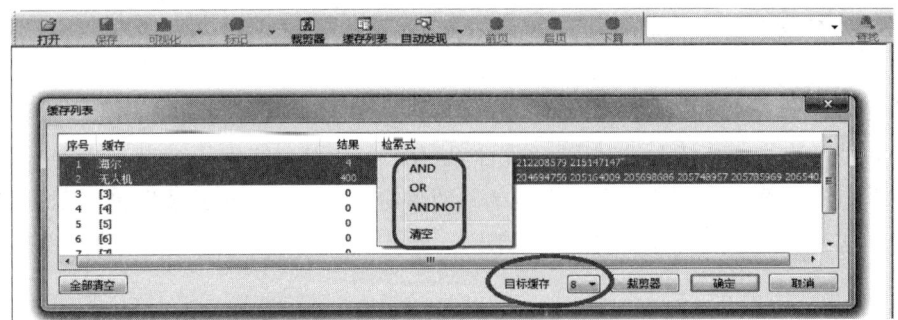

图 4-1-11　Patentics 客户端缓存列表运算

（2）裁剪器

裁剪器顾名思义是对检索结果进行剪裁并保存，对中间结果进行传输、运算、筛选的重要工具，是远程检索页面、本地页面、缓存列表之间数据传输的桥梁。点击菜单栏"裁剪器"按钮，如图 4-1-12 所示，弹出裁剪器操作框，左侧"源1"和"源2"为数据源输入入口，右侧"目标"为数据输出出口，"源1"和"源2"之间的是操作选择框。关于右侧目标出口的选项，"本地"为左侧子窗口本地页面；"本地2"为右侧子窗口本地页面；"1~8列表"为系统的8个缓存列表；"保存到文件"是调用"远程"页面工具栏中的"下载"按钮，具体参见第3章第3.4.1节介绍。

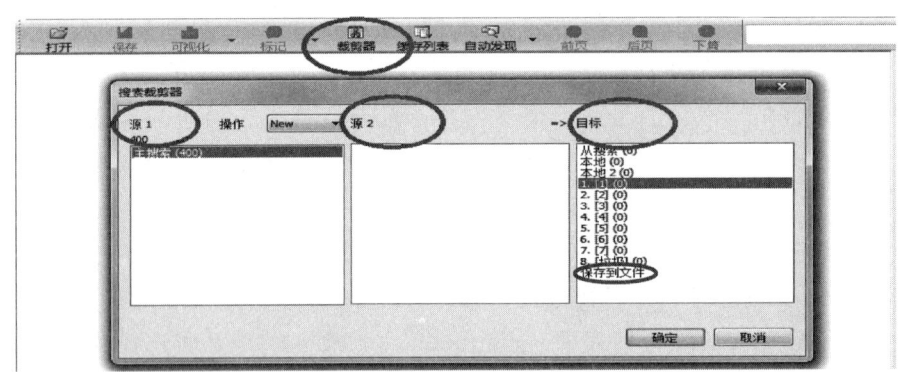

图 4-1-12　Patentics 客户端裁剪器操作框

当数据源仅有主搜索时，"源1"和"源2"之间的操作选择框仅显示"new"，仅可进行源1至目标出口的传输；当有多个数据源时，点击操作选择框，如图 4-1-13 所示，"源1"和"源2"之间可以进行"and""or""andnot"运算，并传输至目标出口。当数据源为本地时，操作选择框增加"paint"选项，执行"源1（本地）paint 源2"，则"源1"不变，仅在本地页面勾选出"源1"与"源2"中相同的数据。

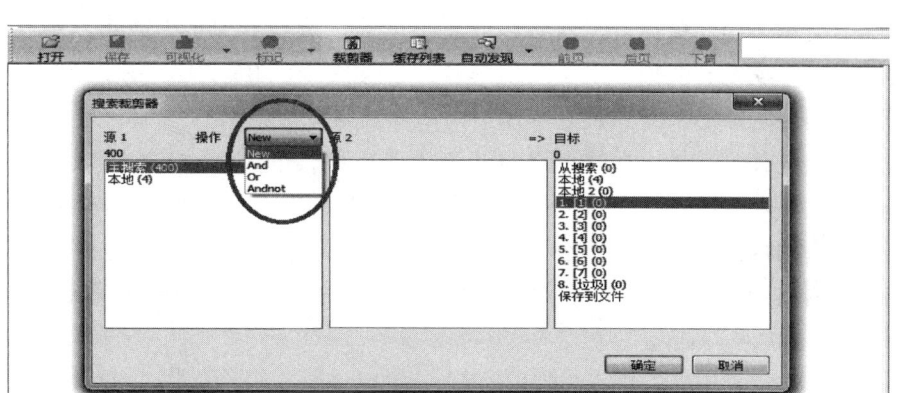

图 4-1-13　Patentics 客户端裁剪器数据源运算

4.2　客户端数据处理

数据处理是将采集到原始数据转化为专利分析样本数据的关键环节，也是后续统计分析、绘制图表的基础。传统数据处理方法需要投入大量人力、物力和时间，是专利分析各环节中最费时费力的过程，而 **Patentics 独有的数据处理技术大幅提升了专利分析的质量和效率。在使用 Patentics 进行数据处理的实际操作过程中，数据分组、数据清理与数据标引交叉进行**，应结合实际情况选择合适的操作步骤。

4.2.1　数据分组

专利分析基于采集的数据，根据用户的分析目的，确定专利分析内容并选定专利分析指标，例如研究特定领域的专利申请趋势（分析内容），则需要分析申请量随时间（分析指标）变化情况，**分析指标来源于数据项（Patentics 系统中称为分组项）。因此，根据分析内容和分析指标选择相应的分组项进行分组，是使用 Patentics 进行专利分析的基础工作。**

（1）普通分组

专利分析的数据基础来源于每一项专利数据的采集字段，如前所述，用户需要根据分析目的，确定专利分析内容并选定专利分析指标，分析指标来源于数据项（分组项），而数据项来源于采集的字段，关于字段的介绍，参见第 2 章内容。采集的字段可以直接作为数据项（分组项）进行分析，例如申请人、国际分类等；采集的字段也可以经过加工作为数据项（分组项），例如 Patentics 系统独有的质量度，但本书不作介绍。

在数据导入分类器后，所有数据均存放在总节点之下，对总节点进行分组操作，单击选择节点后，点击鼠标右键，弹出操作框，选择"分组"，弹出分组操作框，如

图4-2-1所示。用户根据分析内容和分析指标勾选所需分组项，点击"确定"，则系统自动识别每项专利数据分组项内的内容并进行统计分组，如图4-2-2所示，生成具有分组结构的新的根节点，并与原节点顺序连接，分组后的每个子节点下存放相应的专利数据。分组操作一次既可以勾选一个分组项，也可以一次勾选多个分组项，则生成多个根节点顺序连接，每个根节点下进行所需分组项的分组，如图4-2-2所示。对已分组的数据结构还可以在子节点处进一步分组，形成多层结构，重复分组步骤即可，只要节点下有专利数据。**在分类器中可以快速完成各数据项的无限递进分组。**

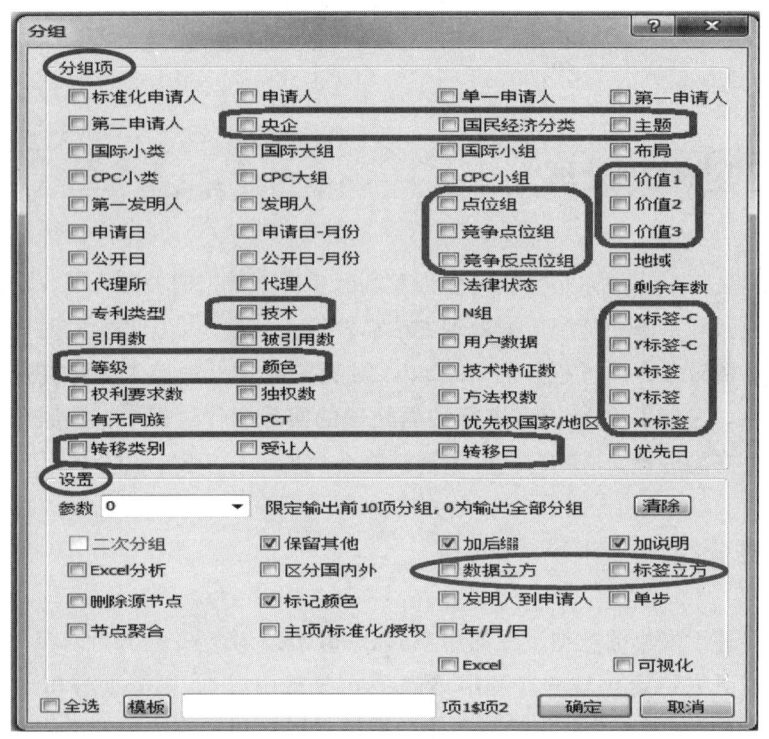

图4-2-1 Patentics客户端分组操作框

分组操作框包括上方的分组项、下方的设置等内容，如图4-2-1所示。Patentics提供近70种分组项，包括著录项目字段分组项、由著录项目字段加工后的分组项、专利交易数据分组项（转移类别、受让人、转移日）、专利价值评估数据分组项（价值1、价值2、价值3）、点位组分组项（点位组、竞争点位组、竞争反点位组）、技术聚类分组项（技术）、标引数据分组项（X标签、Y标签、X标签-C、Y标签-C、XY标签），最新版本增加了诉讼数据分组项。著录项目字段的相关介绍参见第2章，在此不再赘述。"技术"分组是Patentics系统根据语义模型对节点下数据进行聚类，自动分为8个技术分组。"等级""颜色"分组是依据标记专利的等级和颜色进行分组，标记方法参见第4.2.2节。下面对分组设置内容进行介绍。

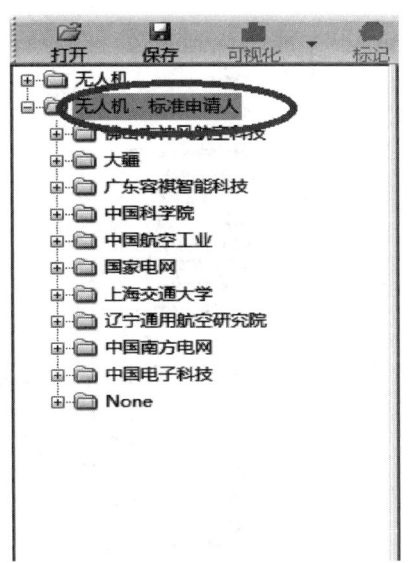

图4-2-2　Patentics 客户端分组数据结构

1）参数 & 保留其他

分组参数输入框中设置的数字是对分组后子节点的数量控制。分组参数设置默认为0，是无限制分组；分组参数为非0时，例如输入10，当以分类号分组，共可分为30个小组时，则根据专利数量保留数量最多的前10组。勾选"保留其他"，则除了保留前10组外，生成 None 节点保留其他专利量未达到前10的其他分类号的专利数据，如图4-2-3所示；不勾选"保留其他"，则仅保留前10组，其他数据删除，如图4-2-4所示。

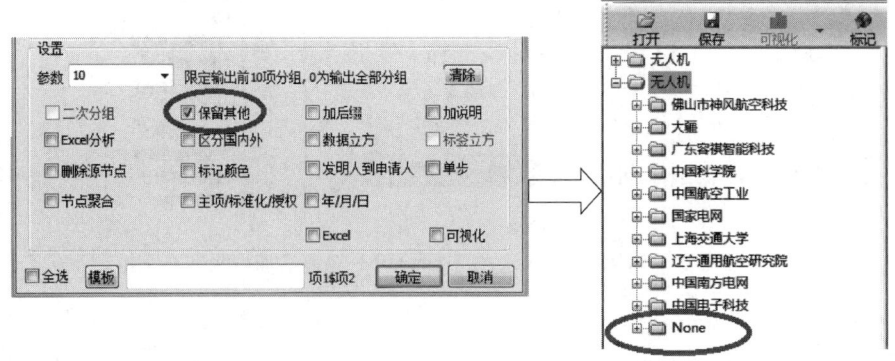

图4-2-3　Patentics 客户端分组勾选"保留其他"

2）加后缀

勾选"加后缀"，则在分组后新生成的根节点名称添加分组项作为节点名称后缀，如图4-2-5所示；不勾选"加后缀"，则新生成的根节点与原节点名称相同，不添加分组项后缀，如图4-2-6所示。

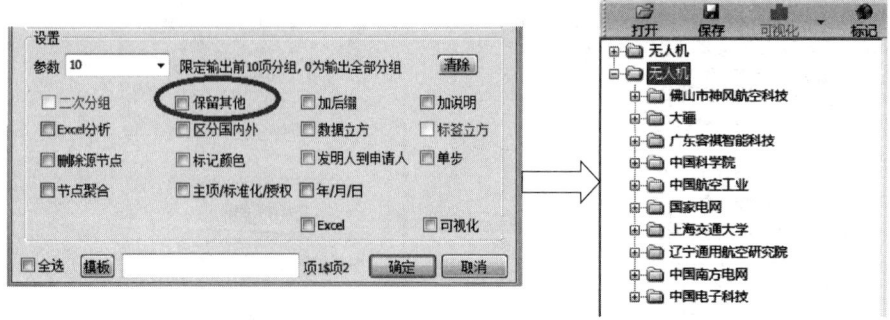

图 4-2-4　Patentics 客户端分组不勾选"保留其他"

图 4-2-5　Patentics 客户端分组勾选"加后缀"

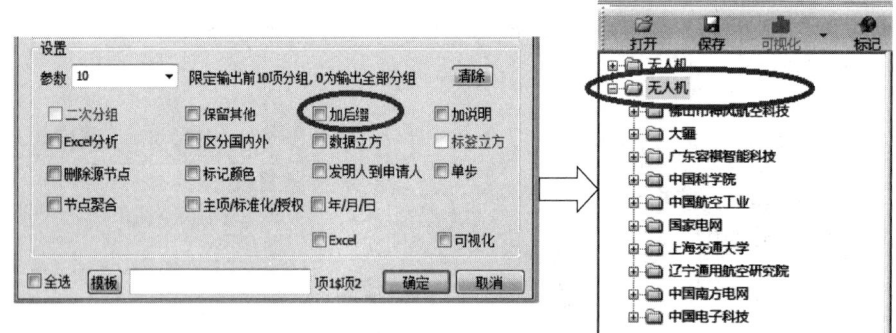

图 4-2-6　Patentics 客户端分组不勾选"加后缀"

3）加说明

"加说明"主要用于分类号分组。勾选"加说明",则在分组后生成的各分类号子节点名称后添加分类号类名,如图 4-2-7 所示;不勾选"加说明",则不添加分类号类名,如图 4-2-8 所示。

4）区分国内外

"区分国内外"与地域分组项联合使用。对中国专利分组时,勾选"区分国内外",则地址在国外的专利均分在一个节点"国外"内;不勾选"区分国内外",则地址在国外的专利按国家分在不同国家的节点内。

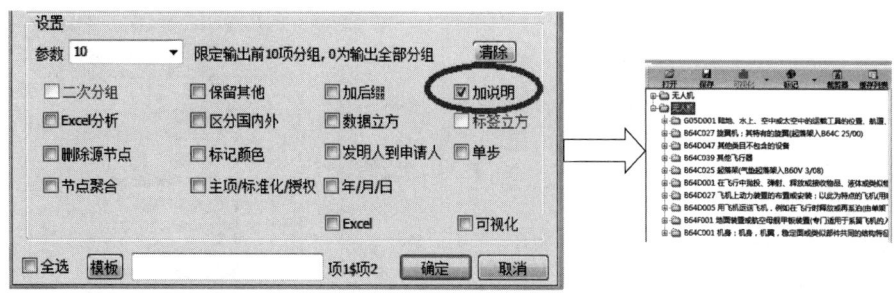

图 4-2-7　Patentics 客户端分组勾选"加说明"

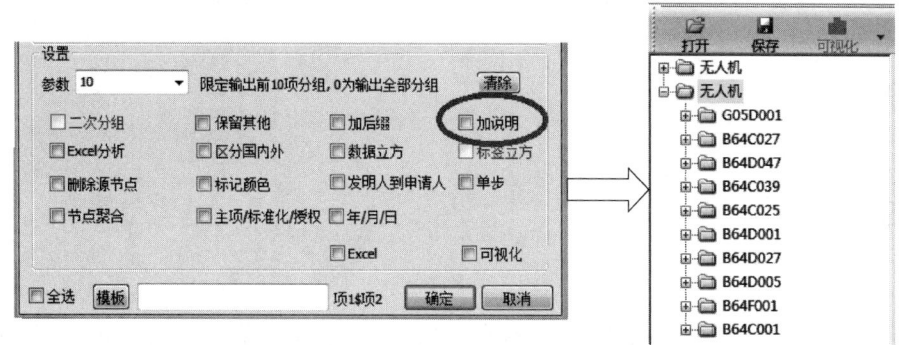

图 4-2-8　Patentics 客户端分组不勾选"加说明"

5）数据立方

在分组操作框同时勾选多个分组项进行分组时，勾选"数据立方"，则在分组后新生成的根节点下生成多层递进的数据结构，如图 4-2-9 所示，系统自动确定各分组项的递进顺序；不勾选"数据立方"，则新生成多个根节点分别依据每个分组项分组，形成平行结构，如图 4-2-10 所示。

图 4-2-9　Patentics 客户端分组勾选"数据立方"

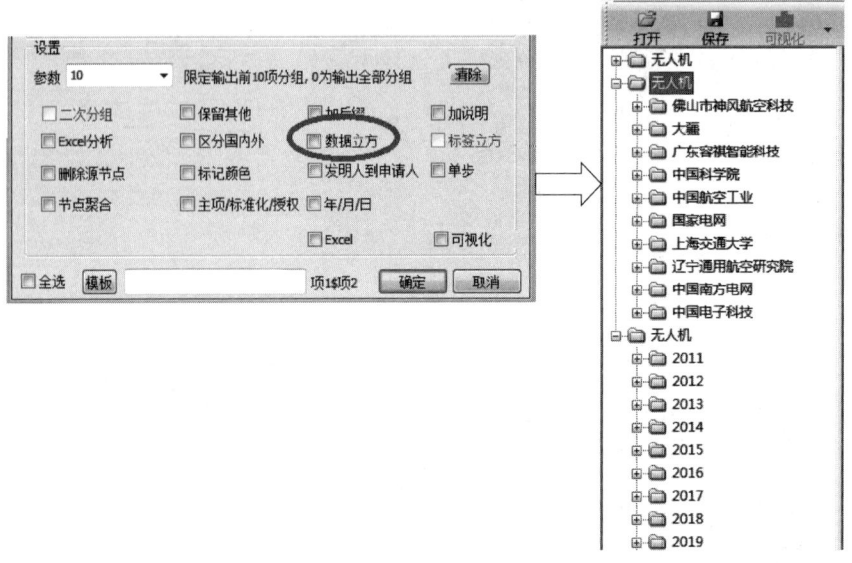

图 4-2-10 Patentics 客户端分组不勾选"数据立方"

6）标签立方

"标签立方"是针对标引标签后分组的设置。"标签立方"与"数据立方"相似，当标引的标签中有多个标引词时，勾选"标签立方"可实现多个标引词进行层级递进分组，而非平行分组；具体介绍参见第 4.2.4 节。

7）二次分组 & 删除源节点

在对已有子节点的节点再次分组时，系统在分组设置中自动勾选"二次分组"，并且不可更改。勾选"删除源节点"，则在分组后仅保留新生成的具有新分组结构的节点，如图 4-2-11 所示；不勾选"删除源节点"，则在分组后既保留原节点结构，也保留新节点结构，如图 4-2-12 所示。通常对已有子节点的节点再次分组时，系统默认勾选"删除源节点"，否则生成的数据结构比较混乱。

图 4-2-11 Patentics 客户端分组勾选"删除原节点"

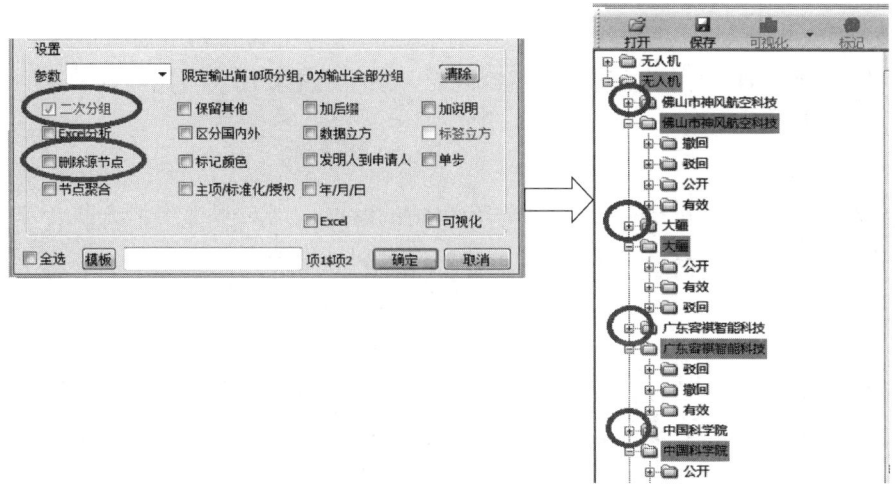

图 4-2-12　Patentics 客户端分组不勾选"删除原节点"

8）标记颜色

勾选"标记颜色",则在分组后新生成的节点名称标记颜色,如图 4-2-13 所示;不勾选"标记颜色",则在分组后新生成的节点名称不标记颜色,如图 4-2-14 所示。

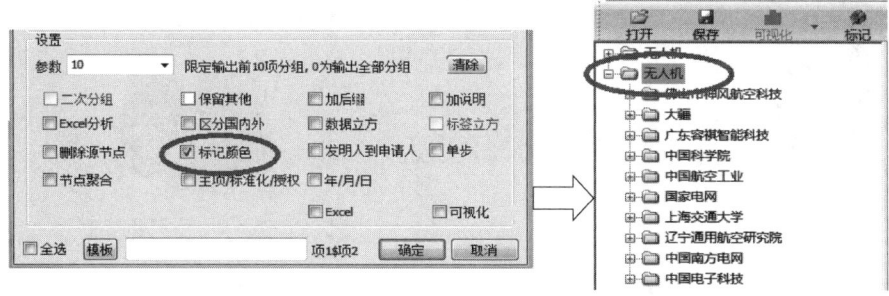

图 4-2-13　Patentics 客户端分组勾选"标记颜色"

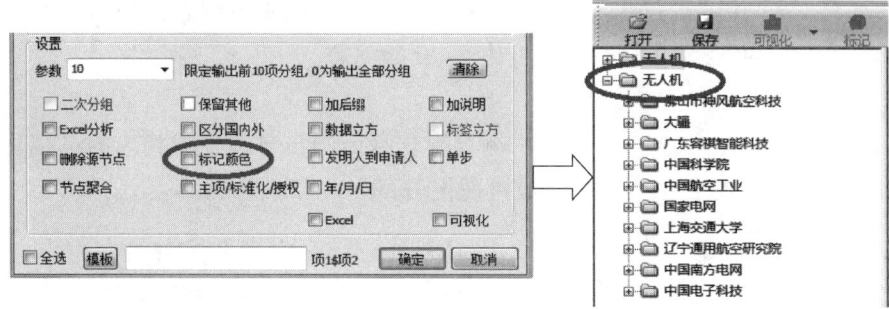

图 4-2-14　Patentics 客户端分组不勾选"标记颜色"

111

9）发明人到申请人

"发明人到申请人"主要用于美国申请数据。因为美国专利申请时申请人可以为空，而没有申请人数据则无法进行分组，因此，该功能主要用于将美国专利发明人作为申请人，进行数据处理。

10）节点聚合

"节点聚合"主要用于多个申请人联合申请的情况。当对多个申请人联合申请进行申请人分组时，不勾选"节点聚合"，则同一件专利分别分在多个申请人节点下；勾选"节点聚合"，则同一件专利只分在第一申请人节点下。

11）Excel 分析

勾选"Excel 分析"，则在分组后同时自动生成相应的 **Excel 数据透视图表**，如图 4-2-15 所示；不勾选"Excel 分析"，则仅分组而不生成 Excel 数据透视表。

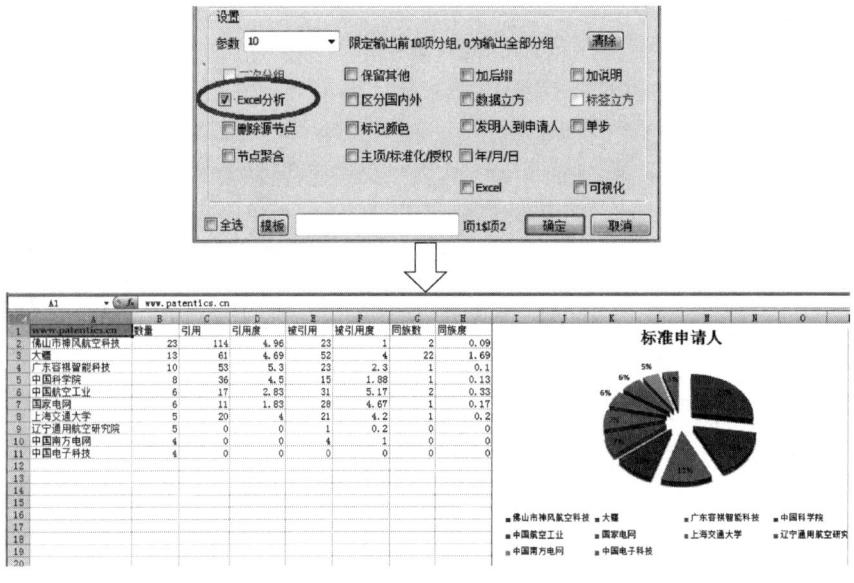

图 4-2-15　Patentics 客户端分组勾选"Excel 分析"

12）Excel

勾选"Excel"，则在分组后同步自动生成相应的 **Excel 数据表**，如图 4-2-16 所示；不勾选"Excel"，则仅分组而不生成 Excel 数据表。

13）可视化

勾选"可视化"，则在分组后在右侧可视化页面同步自动生成相应的可视化图表；不勾选"可视化"，则仅分组而不生成可视化图表。

（2）特定分组

1）模板分组

在对节点进行多层递进的分组时，如前所述，采用"数据立方"，则系统自动确定各数据项的递进顺序；当需要对数据结构按照特定的层次分组时，可以使用"模板分组"实现按用户所需的特定结构分组。首先，单击选择节点分别进行普通分组，例如

"申请人"分组和"专利类型"分组,如图4-2-17左侧图片所示,分类器中生成两组平行的分组结构。其次,点住"专利类型"分组结构的根节点,拖动该节点至"申请人"分组结构根节点,弹出操作栏,选择"操作",进一步选择"分组",弹出分组设置框,勾选相应的设置或直接点击"确定",则在原申请人分组结构内进一步按照专利类型分组,形成申请人分组结构的二级分组,如图4-2-17右侧图片所示。

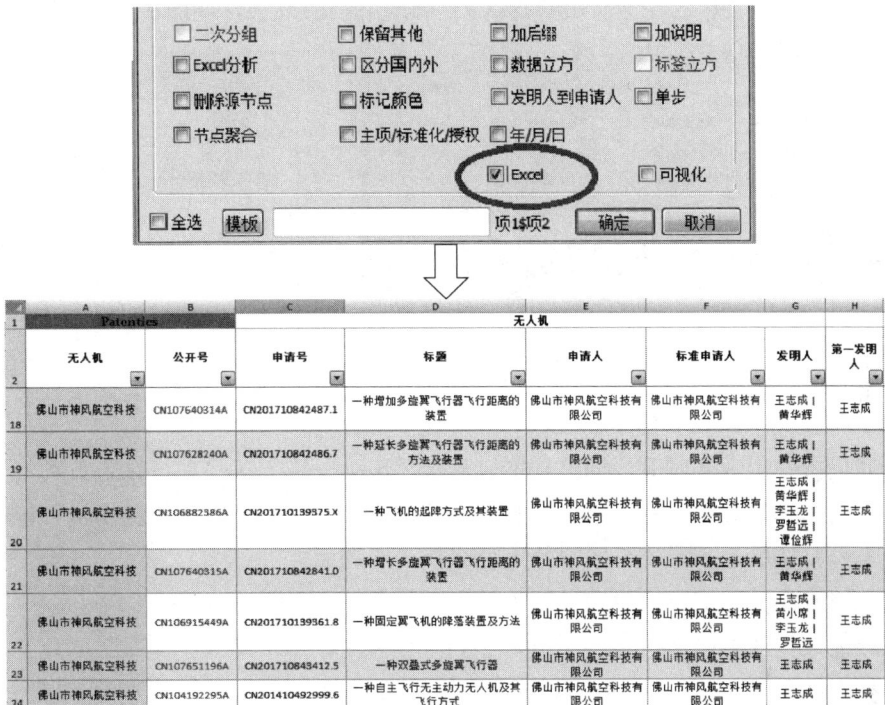

图4-2-16 Patentics客户端分组勾选"Excel"

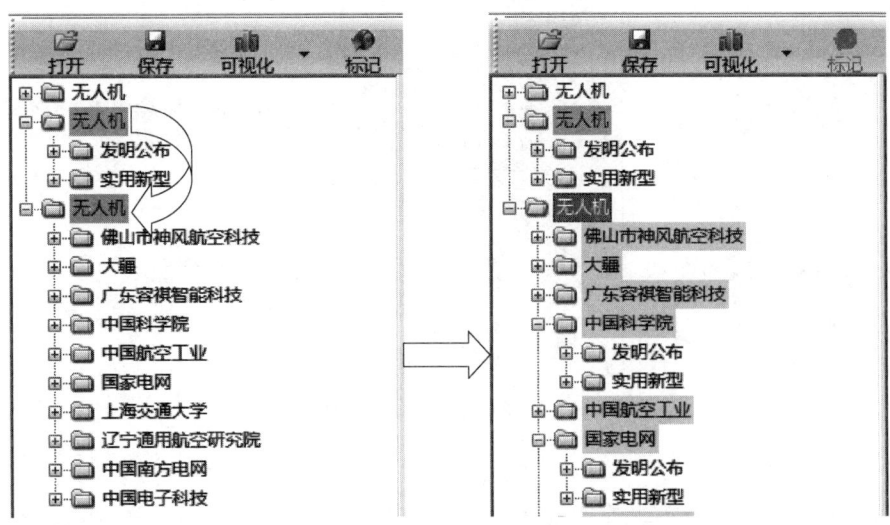

图4-2-17 Patentics客户端模板分组

2) 模板框分组

模板框分组不用于实现按所需的特定层次分组,而用于对单层结构分组时所选分组项按所需特定子节点分组,例如需要对特定申请人进行分析。操作方法为:单击选择节点进行分组,在分组设置框中选择相应的分组项,例如标准申请人,在分组设置中的模板输入框中输入所需的申请人子节点,每个申请人之间用"¥"间隔,例如"大疆¥国家电网",点击"确定",则仅执行大疆与国家电网的分组,如图4-2-18所示。

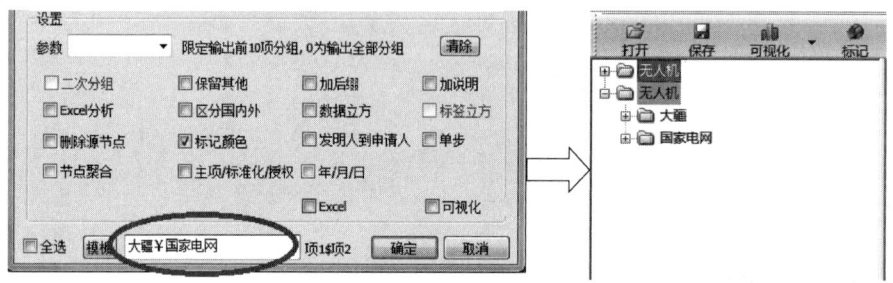

图4-2-18 Patentics客户端模板框分组

(3) 点位组分组

专利分析中通常会对IPC分类号进行分析。传统分析方法只能统计各分类号下的专利量,而无法体现分类号的等级结构及上下位关系。Patentics的点位组模块可以按层次展现分类号整体的上下位关系,清楚地表明技术布局。

1) 点位组

在分组操作框中选择"点位组"分组,如图4-2-19所示,可以通过分类号的结构体现技术之间的上下位关系。勾选"点位组"分组,则不能同时勾选其他分组项,其他分组项为灰色不可选状态。

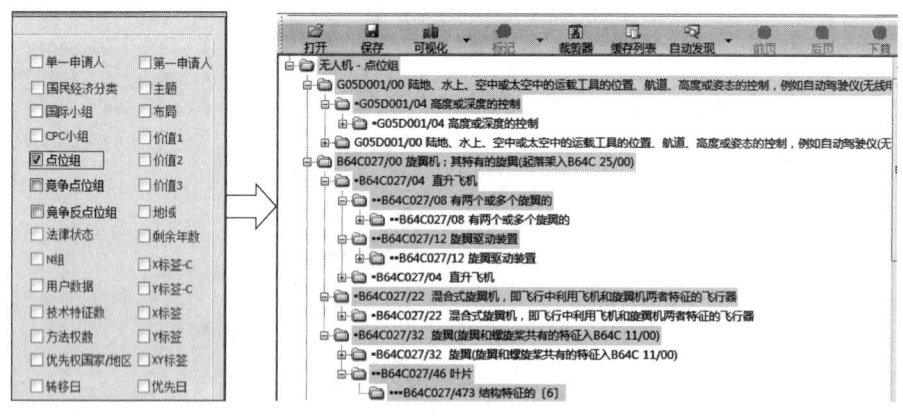

图4-2-19 Patentics客户端点位组分组

2) 竞争点位组

"竞争点位组"用于对两个申请人专利布局进行比较。首先,对一个申请人1进行"点位组"分组;其次,对另一个申请人2进行"竞争点位组"分组,则系统自动对两个申请人专利布局进行比较，如图 4-2-20 所示。以颜色标记输出两个申请人共同布局的分类号，不以颜色标记输出申请人 1 布局而申请人 2 未布局的分类号，其中申请人 1 的专利自动标记为 8。

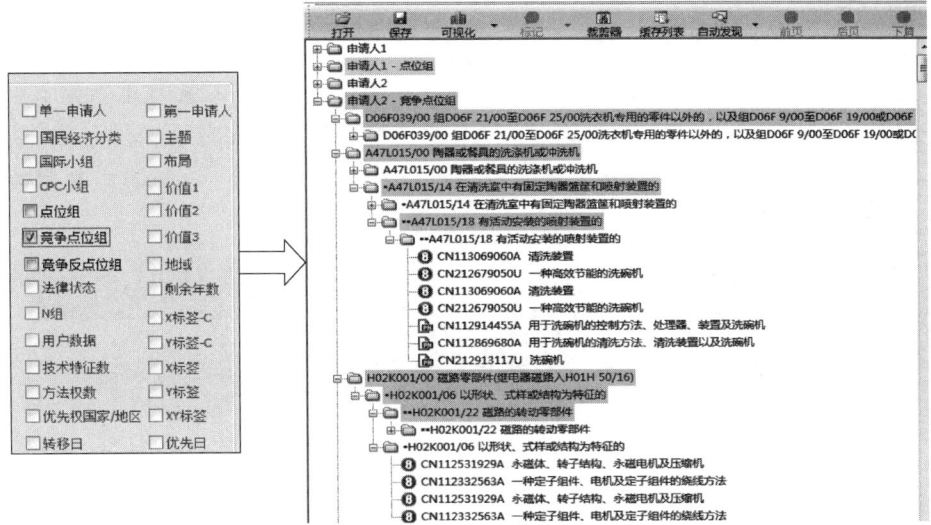

图 4-2-20 Patentics 客户端竞争点位组分组

3）竞争反点位组

"竞争反点位组"同样用于对两个申请人专利布局的比较。首先，对一个申请人 1 进行"点位组"分组；其次，对另一个申请人 2 进行"竞争反点位组"分组，则系统自动对两个申请人专利布局进行比较，如图 4-2-21 所示。以紫色标记输出两个申请人共同布局的分类号，不以颜色标记输出申请人 1 布局而申请人 2 未布局的分类号，其中申请人 1 的专利自动标记为 8，同时以粉色标记输出申请人 2 布局而申请人 1 未布局的分类号。

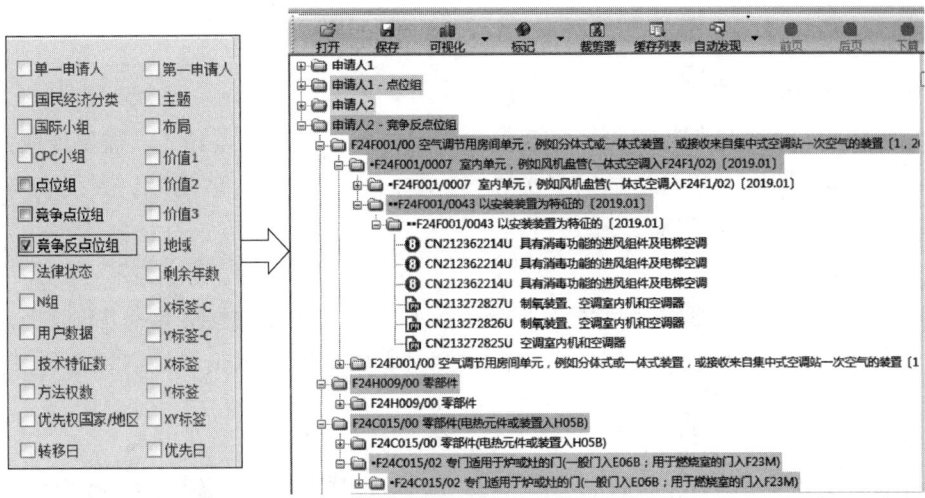

图 4-2-21 Patentics 客户端竞争反点位组分组

4.2.2 节点操作

(1) 新建

在分类器页面点击鼠标右键即可新建节点,如前所述,导入数据后,所有数据均存放在总节点之下。需要说明的是,在已有树状数据结构下,还可以多次地新建节点,在空白处点击右键新建节点后,新节点与原数据节点顺序连接,成为原节点的下一位,如图4-2-22所示;单击选择已有节点,点击鼠标右键新建节点后,新节点与原数据结构自动连接,成为原节点下的子节点,如图4-2-23所示。

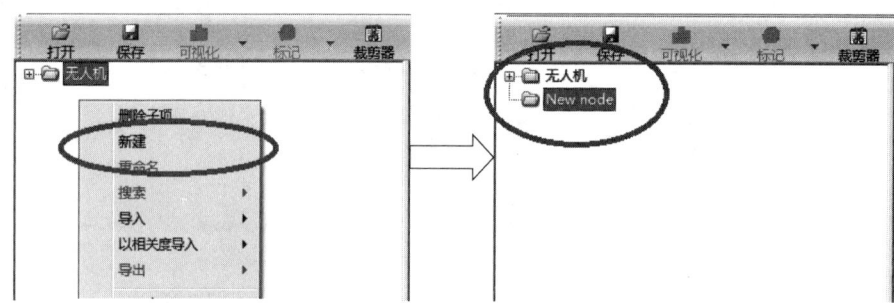

图4-2-22　Patentics客户端空白处新建节点

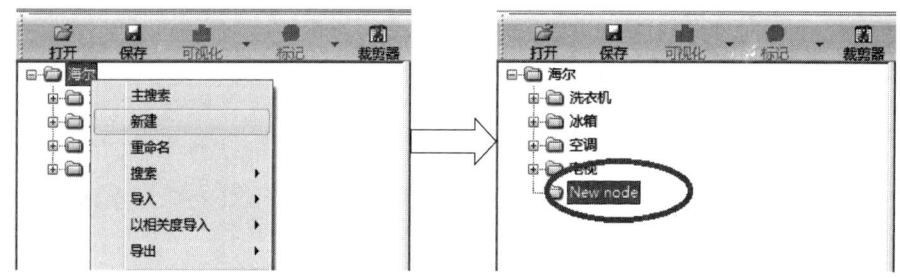

图4-2-23　Patentics客户端节点处新建节点

(2) 导入数据

如前所述,节点导入数据包括自动创建节点导入和指定节点导入。需要说明的是,在已有数据的节点下,还可以继续多次导入数据,如图4-2-24所示,系统会自动去除重复数据,并区别显示新数据。

(3) 重命名

在新建节点时,系统默认命名为"New node";在从主搜索直接导入并创建节点时,系统根据检索内容进行自动命名。单击节点至可编辑状态或点击鼠标右键选择"重命名",均可对节点进行重新命名。

(4) 删除 & 移除

单击选择节点后,点击鼠标右键,选择"节点操作",进一步选择"删除",即可删除节点及其中全部数据;单击选择节点或节点下专利,直接点击"Delete"键,也可以直接删除。在删除节点下部分数据时，单击选择节点后，点击鼠标右键，选择"节点操作"后，进一步选择"删除子项"，弹出设置框，如图 4 - 2 - 25 所示，输入框中可以输入数字或词。当节点下还包括子节点时，例如输入 3，同时勾选"子节点"，则是对子节点进行删除操作，保留前 3 个子节点及其中数据；不勾选"子节点"，则是对节点下的专利数据进行删除操作，保留前 3 个专利数据。

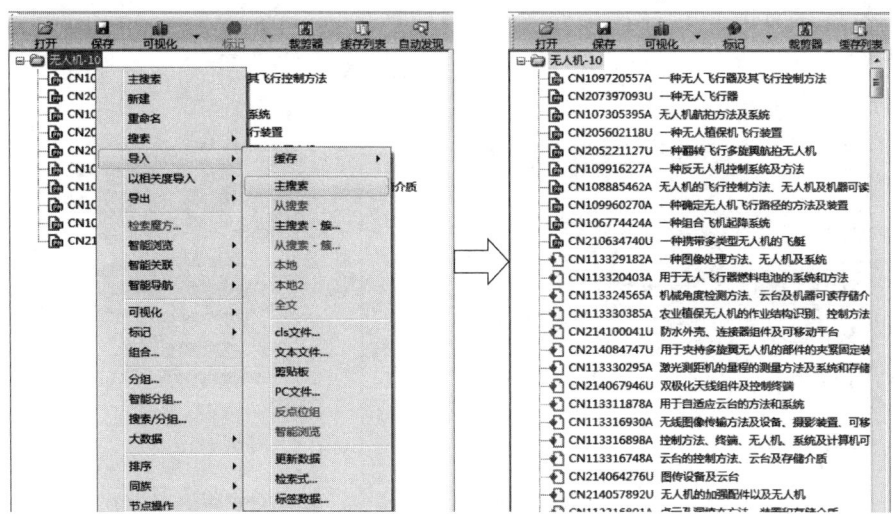

图 4 - 2 - 24　Patentics 客户端节点处继续导入数据

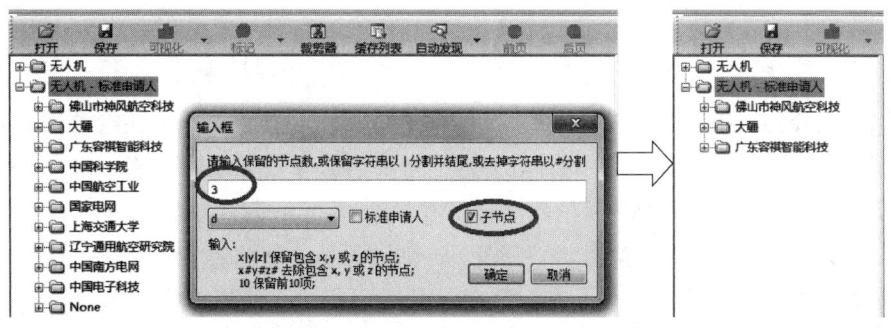

图 4 - 2 - 25　Patentics 客户端节点删除

单击选择节点后，点击鼠标右键，选择"节点操作"，进一步选择"移除"，则移除该节点文件夹，保留该节点内专利数据，如图 4 - 2 - 26 所示。

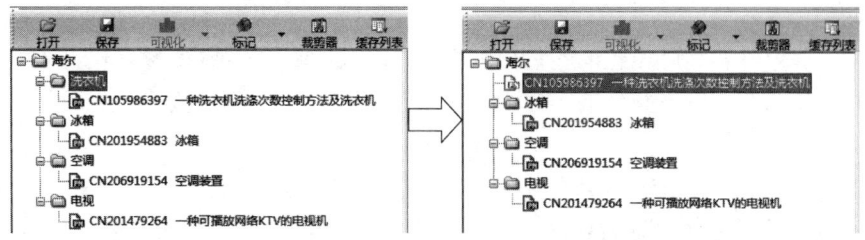

图 4 - 2 - 26　Patentics 客户端节点移除

(5) 标记

1) 标记颜色

仅对节点标记颜色，该节点当前无颜色，单击选择节点后，点击鼠标右键，选择"标记"，进一步选择"标记颜色"，则弹出标记颜色设置框。在设置框中选择相应的颜色，下方勾选"单层""无色"，不能勾选"子节点"，点击"确定"，则对该节点标记相应的颜色，如图 4-2-27 所示。当该节点已有标记颜色，需要改变颜色时，在设置框中选择相应的颜色，下方勾选"单层""颜色"，不能勾选"子节点"，点击"确定"，则对该节点标记改变颜色。

图 4-2-27 Patentics 客户端节点标记颜色

对节点下数据标记颜色，需要在设置框中选择相应的颜色，下方勾选"单层""无色""子节点"，点击"确定"，则对该节点下全部数据标记相应的颜色，如图 4-2-28 所示。对节点下的子节点标记颜色，同样需要在设置框中选择相应的颜色，下方勾选"单层""无色""子节点"，点击"确定"，则对该节点下的子节点标记相应的颜色，如图 4-2-29 所示。当该节点下的子节点已有标记颜色，需要改变颜色时，在设置框中选择相应的颜色，下方勾选"单层""颜色""子节点"，点击"确定"，则对该节点下的子节点标记改变的颜色。

对节点下的部分子节点标记颜色，且子节点当前无颜色，在设置框中选择相应的颜色，下方勾选"单层""无色""子节点"；在"顶部/底部"输入框中输入相应的数值，例如输入"3"，表示从顶部数顺序 3 个子节点进行标记，点击"确定"，则对该节点下的前 3 个子节点标记相应的颜色，如图 4-2-30 所示；输入"-3"，表示从底部顺序 3 个子节点。已标记颜色的子节点改变颜色操作同上，不再赘述。

2) 标记等级

对节点下数据标记等级，单击选择节点后，点击鼠标右键，选择"标记"，在"标记等级"中进一步选择相应的等级，则该节点下专利前的图标全部显示为相应的等级，如图 4-2-31 所示。

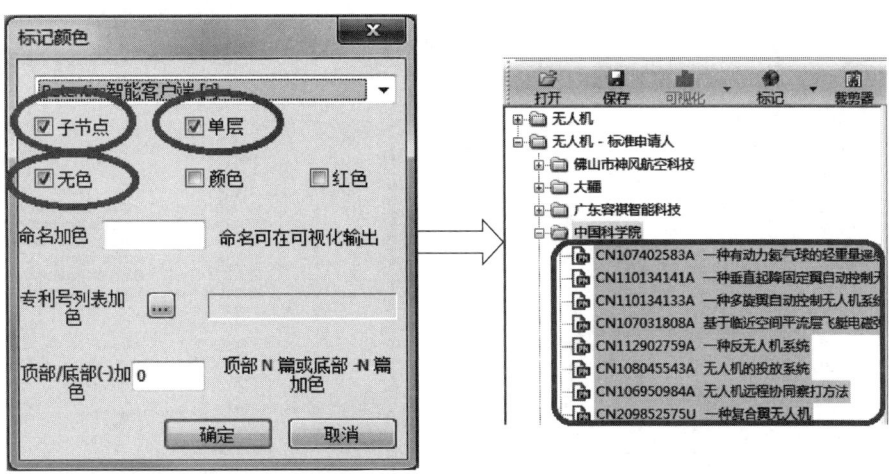

图 4-2-28　Patentics 客户端节点下数据标记颜色

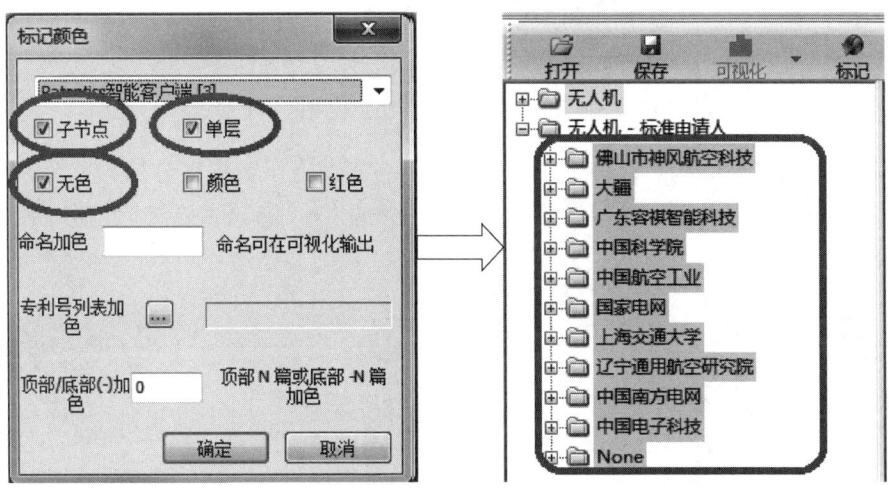

图 4-2-29　Patentics 客户端子节点标记颜色

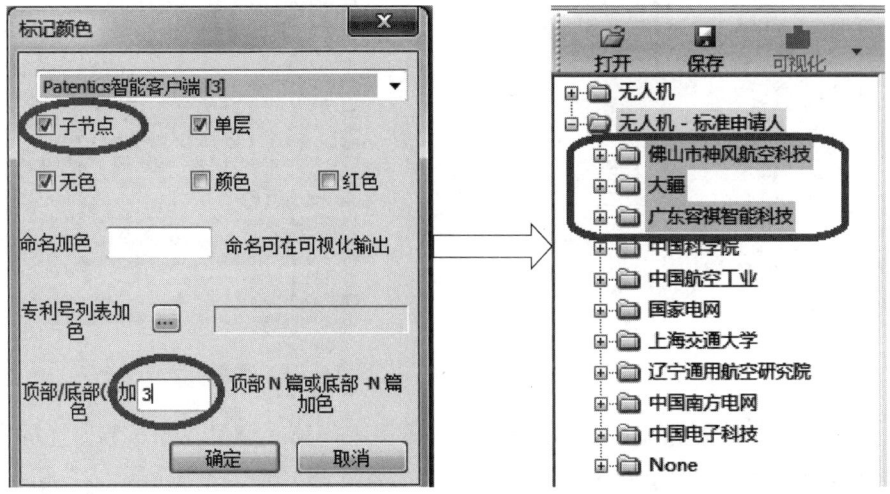

图 4-2-30　Patentics 客户端部分子节点标记颜色

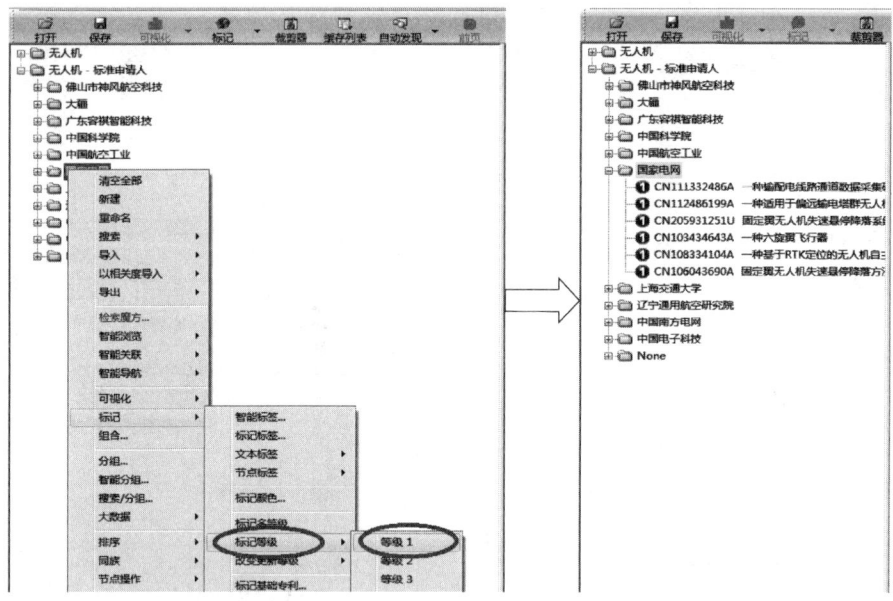

图 4-2-31　Patentics 客户端节点下数据标记等级

当分类器内数据结构具有多个子节点时，对各子节点下数据区分标记等级，单击选择节点后，点击鼠标右键，选择"标记"，进一步选择"标记多等级"，则对各节点下数据依次标记等级，如图 4-2-32 所示。

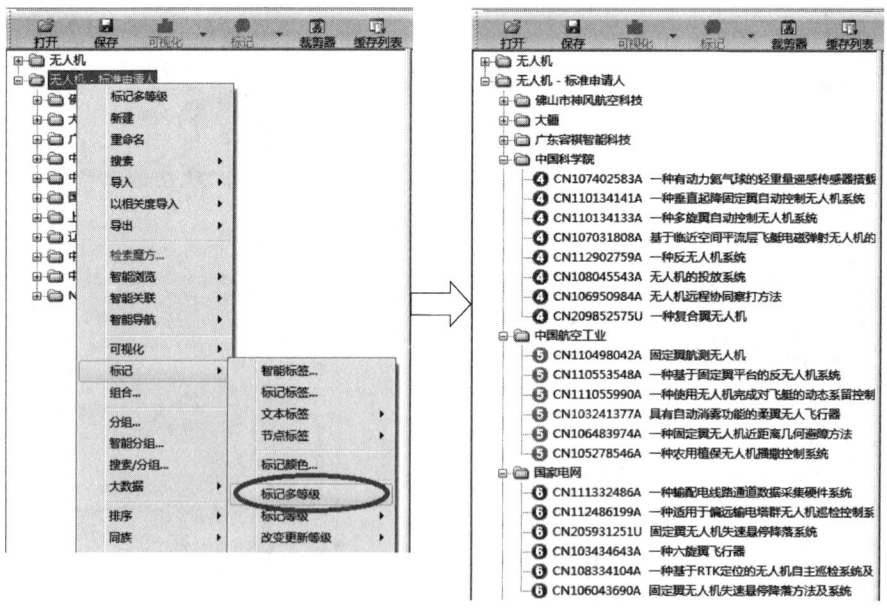

图 4-2-32　Patentics 客户端节点标记多等级

当对无法用节点操作的多件专利标记时，可以采用第 3 章第 3.3.3 节所述的右侧子窗口专利列表页面实现批量标记。

3）清除标记

去除颜色标记，需要在右键操作栏中点击选择"清空颜色"；去除等级标记，需要在右键操作栏中点击选择"清空等级"；点击选择"清空全部"，则去除所有人为标记或标引的内容。

（6）修剪

标记分类器内的数据后，可依据标记内容进行修剪。单击选择节点后，点击鼠标右键，选择"节点操作"，进一步选择"修剪"，可以看到"无颜色""颜色""空节点""非空节点""N节点"以及"等级"选项。选择"无颜色"，则修剪掉没有标记颜色的数据，保留标记颜色的数据；选择"颜色"，则修剪掉标记颜色的数据，保留没有标记颜色的数据；选择"空节点"，则修剪掉节点下没有数据的节点；选择"非空节点"与"空节点"操作相反；选择"等级"，可进一步选择相应的等级，则修剪掉标记相应等级的数据，保留标记其他等级的数据。选择"N节点"后，弹出输入框，需要在输入框中输入修剪规则，包括">N""<N""=N"，N代表节点下专利数据的数量，例如">10"表示节点下专利超过10件，同时选择"保留满足规则节点"或"删除满足规则节点"或"加色满足规则节点"，点击"确定"，则按照选择的规则执行相应的修剪，如图4-2-33所示。

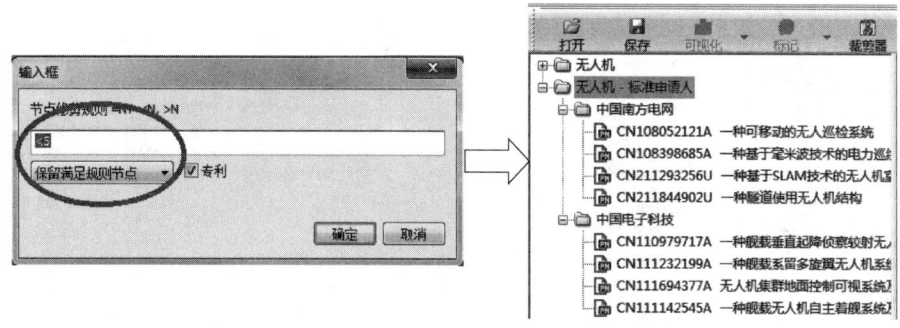

图4-2-33　Patentics客户端修剪子节点

（7）复制

单击选择需要复制的节点后，点击鼠标右键，选择"复制"，进一步选择"复制"，则弹出复制操作框，输入新节点名称并选择需要复制的节点下的专利数据。新节点名称默认是原节点名称后添加"-1"，需要复制的专利默认是从0至全部专利。点击"确定"后，自动生成复制的新节点与原数据结构顺序连接，如图4-2-34所示。

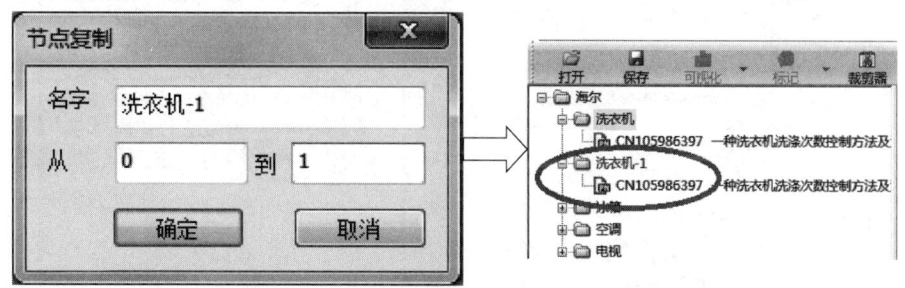

图4-2-34　Patentics客户端节点复制

复制功能还包括"复制授权"和"复制翻译"两种功能,"复制翻译"已在第 3 章第 3.3.3 节介绍,"复制授权"仅对同时有申请库和授权库的数据库适用,相关数据库介绍参见第 2 章。单击选择需要复制的节点后,点击鼠标右键,选择"复制",进一步选择"授权",则自动生成新节点与原数据结构顺序连接。新节点下仅包括复制的专利申请中已经具有授权版本的专利数据,没有授权版本的专利数据不在其中。

(8) 移动

当分类器内数据结构具有多个节点时,可以进行移动操作。鼠标点住某节点 A 拖动至另一节点 B,弹出操作栏,选择"移入",则将移动的节点 A 移至另一节点 B 下成为其子节点,如图 4-2-35 所示;弹出操作栏后,选择"拖动",则将改变移动的节点 A 位置,如图 4-2-36 所示。

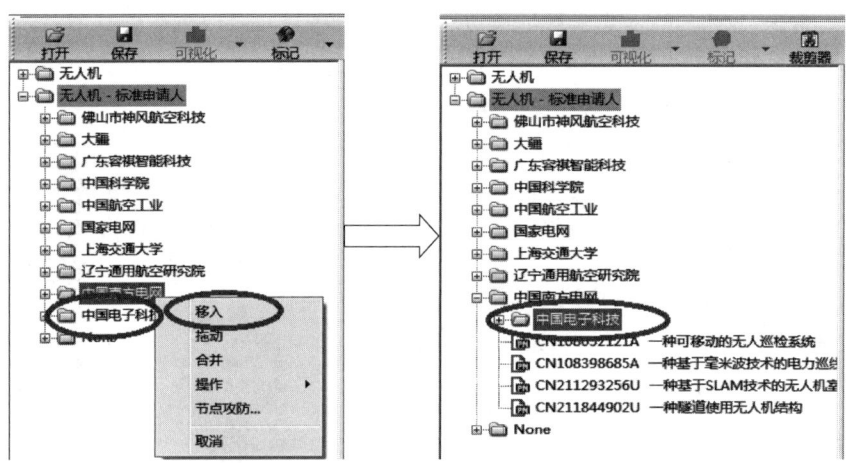

图 4-2-35　Patentics 客户端节点移入

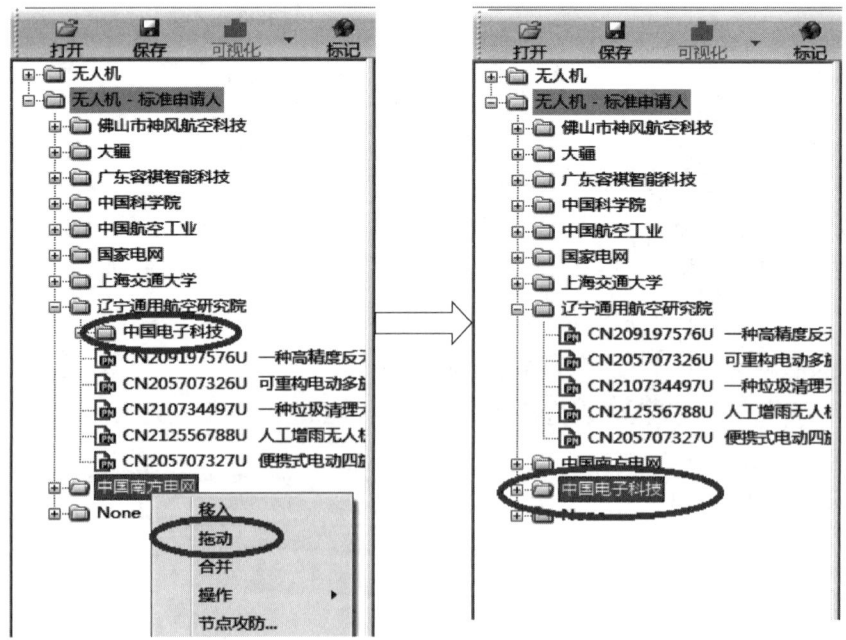

图 4-2-36　Patentics 客户端节点拖动

需要说明的是，当移动的位置是下一级节点的第一位置时，应选择"移入"而不是"拖动"，如图4-2-37所示。因为"拖动"操作的前提是在同等级节点下操作，默认移动至同等级节点的下一位；当需要移动至同等级节点的第一位置时，其上下节点是不同等级的，因此需要使用"移入"。鼠标点住某专利同样可以进行"移入"和"拖动"操作，也可以直接点住某专利移动至所需节点下的另一专利位置，则直接实现该专利的移动操作，系统默认移至另一专利的下一位。

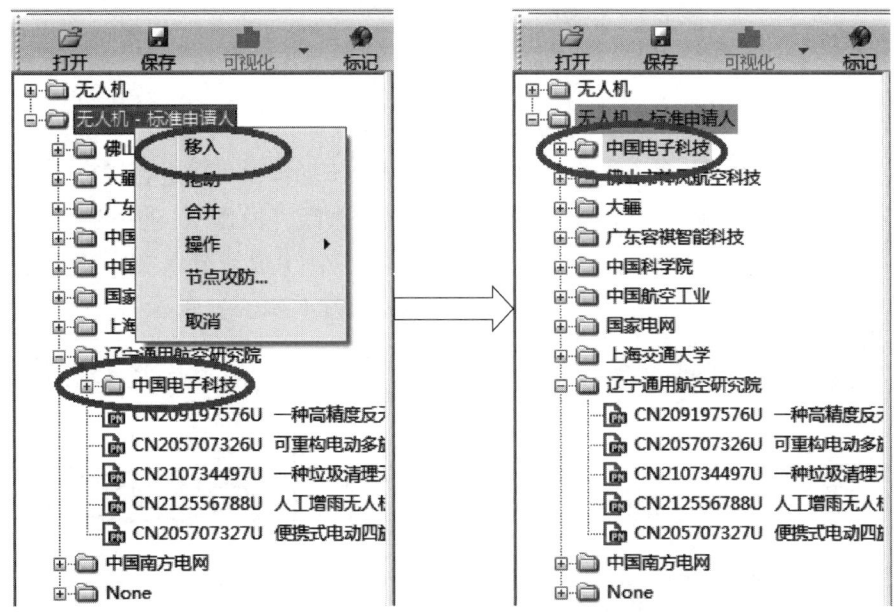

图4-2-37　Patentics客户端节点移入第一位置

（9）展开＆展平

当分类器内数据结构有多层分组和多个子节点时，单击选择根节点后，点击鼠标右键，选择"显示"，进一步选择"全部展开"，则将分类器中所有节点全部展开显示，如图4-2-38所示；也可以使用"全部折叠"功能，将分类器中所有节点全部关闭显示。

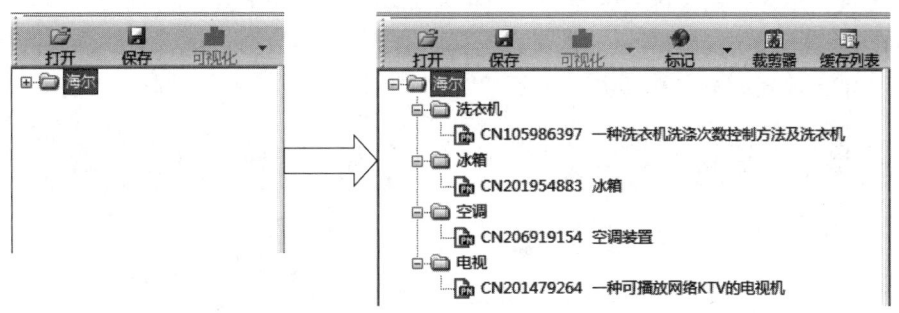

图4-2-38　Patentics客户端节点展开

当分类器内数据结构有多层分组和多个子节点时，单击选择根节点后，点击鼠标右键，选择"节点操作"，进一步选择"展平"，则将分类器中所有子节点全部移除，数据展平显示，如图 4-2-39 所示。

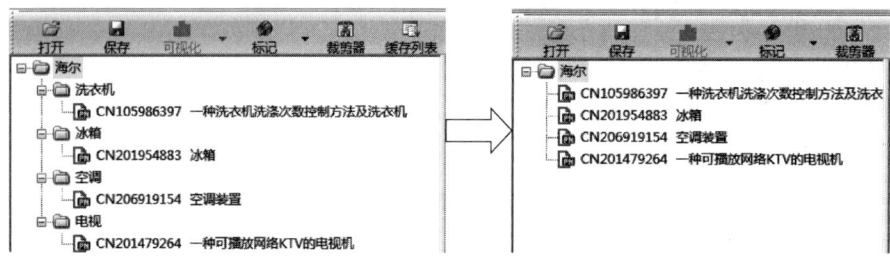

图 4-2-39　Patentics 客户端节点展平

（10）运算

当分类器内数据结构具有多个节点时，不同节点下的数据可以进行逻辑运算。鼠标点住某节点直接拖动至另一节点时，弹出操作栏，选择"操作"，进一步选择"and""or""andnot"，可以直接进行节点间数据的快速运算，生成新节点文件夹并将运算结果数据置于其中，文件夹名称为两节点运算关系，如图 4-2-40 所示。

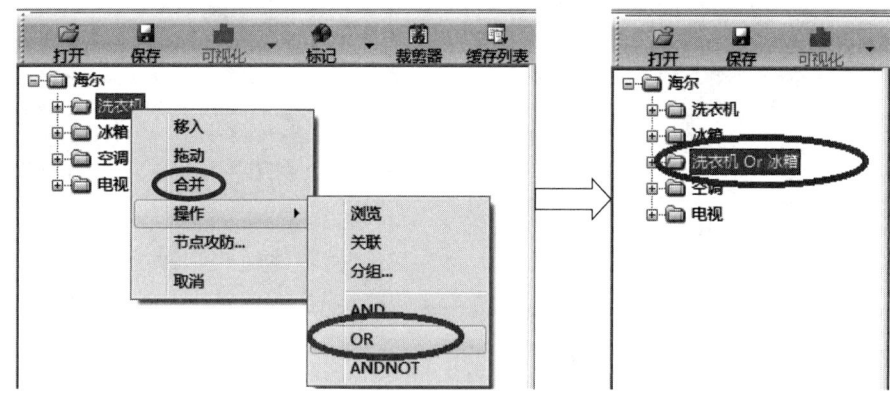

图 4-2-40　Patentics 客户端节点运算

可以看到，在弹出的一级操作栏中有选项"合并"，如图 4-2-40 所示；"合并"运算与"or"运算相同，都是去重合并，但是显示结果的方式不同。前述"and""or""andnot"运算后生产新的节点文件夹；选择"合并"，则数据去重后全部合并入另一个节点内，不生成新的节点文件夹，如图 4-2-41 所示。

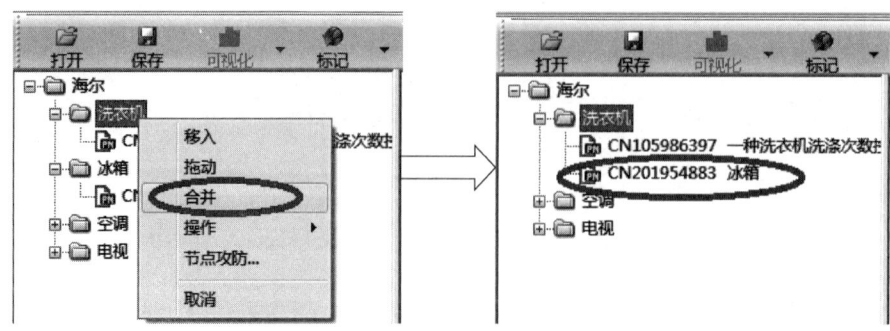

图 4-2-41　Patentics 客户端节点合并

快速运算结果是在原数据结构自动生成新节点，但无法指定运算结果的保存地，为此，系统还提供运算操作框进行运算操作。在拖动节点后，选择"操作"，进一步选择"浏览"，弹出运算操作框，如图 4-2-42 所示。在操作框下方两节点名称之间选择运算类型，在右侧箭头方向选择运算结果输出出口。当输出出口为本地时，运算类型增加"paint"选项，"paint"运算原理参见第 4.1.2 节裁剪器。

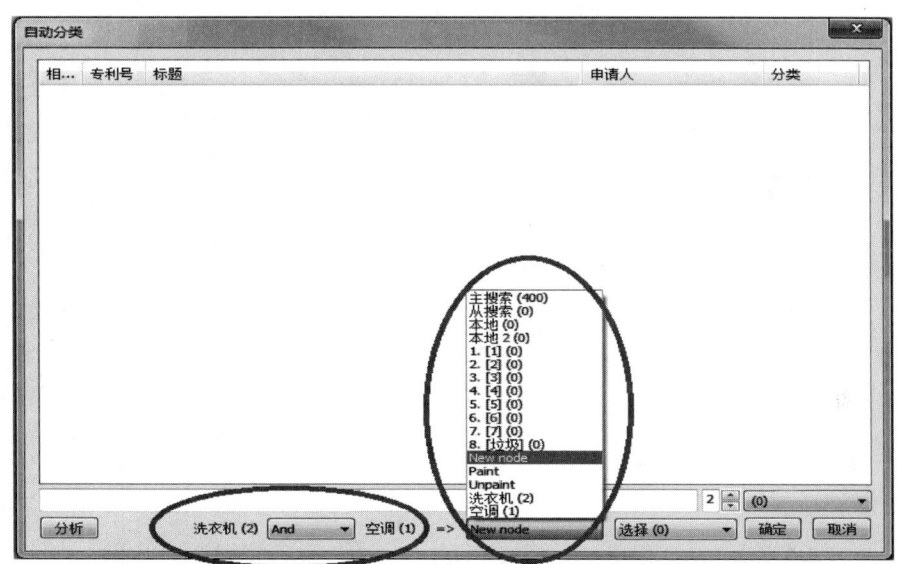

图 4-2-42　Patentics 客户端节点运算操作框

4.2.3　数据清理

数据清理是对采集到的数据进行内容上的去噪、去重以及规范化处理，从而给分析提供更高质量的数据。在传统专利分析流程中，基于数据处理工作量等原因，数据清理通常是数据处理的第一个环节；而使用 Patentics 进行专利分析，可实现快速清理、快速分组、快速标引，因此数据清理与数据分组、数据标引环节在实际操作过程中交叉进行，用户应结合实际情况选择合适的操作步骤。

（1）数据规范化

采用 Patentics 系统进行专利分析，不会因为在不同数据库中采集数据，导致采集到的数据格式不同而需要规范化处理的情况，系统会自动提取每件专利数据中的原始字段。但是由于原始字段记载的不同，在进行专利分析之前进行特定的数据规范化处理也是必要的。下面以申请人名称规范化为例进行介绍，其他字段规范化处理原理相同。

在数据导入分类器后，进行标准化申请人分组时，会发现申请人名称出现中英两个版本或没有翻译或翻译不合适等各类问题，对此，有两种方法进行规范化处理：第一种，用户基于已知的申请人名称，采用第 4.2.2 节所述移动等操作方法手动调整分组内容及节点名称。第二种，采用模板进行批量处理，首先，导出模板，点击选择标准化申请人分组结构的根节点,点击鼠标右键,弹出操作栏,选择"导出"-"节点图"-"模板",则自动生成显示标准化申请人分组列表的 txt 文件,如图 4-2-43 所示。其次,修改该模板,在原申请人名称后点击"Tab"键,如图 4-2-43 所示,"Tab"键后输入正确的申请人名称,保存该 txt 文件。最后,执行数据清理,点击选择标准化申请人分组结构的根节点,点击鼠标右键,弹出操作栏,选择"数据"-"标准申请人清洗",进一步选择该 txt 文件即可实现标准申请人清洗,如图 4-2-44 所示。

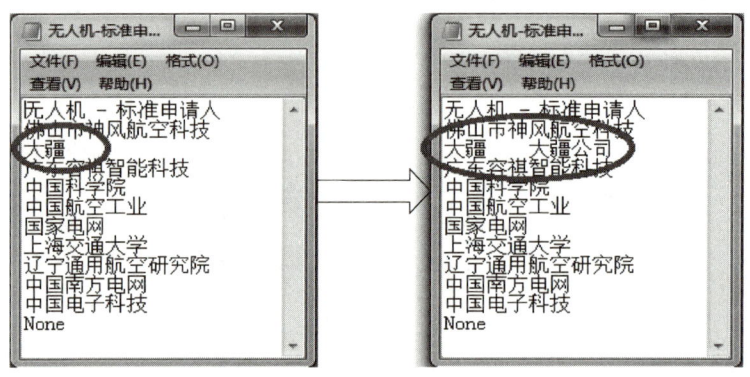

图 4-2-43 Patentics 客户端模板修改

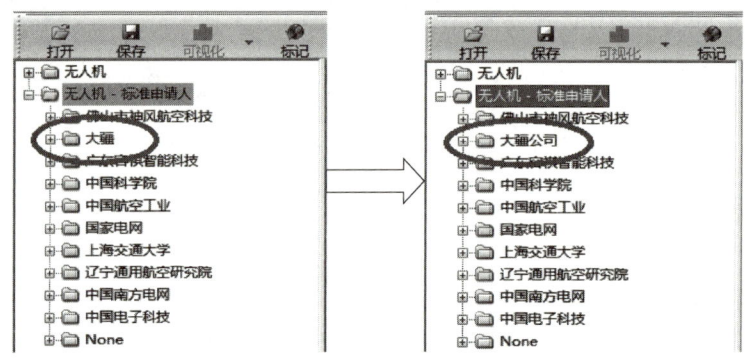

图 4-2-44 Patentics 客户端标准申请人清洗

(2) 数据去重

数据去重是对采集的专利数据去除重复专利的过程,否则专利会重复计数,导致分析结果出现偏差。根据专利数据重复的原因,可以采用 Patentics 不同模块实现对专利数据的快速去重。

1) 重复专利

在 Patentics 分类器中的一个节点下,不会出现重复的专利数据,即使在一个节点下多次导入数据,系统会自动识别申请号或公开号,确保同样的专利不会多次导入。但是由于分组、复制等操作,在不同节点下有可能出现重复的专利数据。对于此类重复的专利数据去重操作,有两种快速处理方法:第一种,通过展平节点操作,即使原不同节点下有重复的专利,展平节点后系统将自动去重,确保同一节点下不会出现重复的专利数据。第二种，利用缓存列表，点击选择相应的根节点，选择"导出"－"缓存"，进一步选择相应的缓存列表，则根节点下的所有数据存至缓存中。缓存仅用于存储专利数据，不能存储节点结构，因此，相应的多层数据转为扁平的数据，系统同样自动去重，**确保缓存中也不会出现重复的专利数据**。最后，再将缓存中的数据导入分类器，即可完成重复专利的去重操作。

2）同族专利

Patentics 系统的同族处理模块可以对数据快速实现同族归并。单击选择数据节点，点击鼠标右键，弹出操作栏，选择"同族"，进一步选择"归并"或"展开"，则自动实现去掉同族数据的数据去重，或包括同族数据的数据扩展。还可以进一步选择"被引用次数""申请日在前"等排序规则，排序范围是一组同族专利中主专利与同族专利的显示顺序，而不是专利列表各组同族专利的排序。该同族模块功能与浏览界面的"同族合并"按钮相似，具体参见第 3 章第 3.4.1 节介绍。

(3) 数据去噪

数据去噪，也称为数据降噪，是指通过一定的手段或方式从去重后的数据记录中筛选、删除与检索目标主题不相关专利数据的过程。在数据检索过程中为了达到全面检索的目标，需要通过扩展更多的检索字段和采用更多的检索手段来实现，这个过程会带来大量不相关的文献，与检索目标主题不相关的数据记录即为数据噪声。传统专利分析去噪过程分为自动去噪和人工去噪：自动去噪需要在早期检索过程中介入，会导致目标专利误删；人工去噪需要分析人员逐篇阅读，工作量非常大。综合运用 Patentics 系统各模块同样可以实现数据的快速去噪。

1）快速批量去噪

利用 Patentics 的分组功能可以实现快速去噪。例如，采用"标准申请人"分组，可以批量识别明显领域不相符的申请人；采用"IPC"等其他分组项，同样可以快速批量识别噪声专利。此外，利用语义模型也可以实现快速的智能去噪。例如采用"技术"分组，系统根据语义模型对节点下数据进行聚类，自动分为 8 个技术分组。8 个技术分组是对专利集合的初步划分，通常是比较上位的。在此，可以对每一支技术分组再次进行技术分组，这时将产生 64 个技术分支，用户可以根据技术分支的划分批量地识别噪声专利。

在识别到噪声专利后，利用前述"标记"功能，对噪声专利批量标记后，通过前述"修剪"功能，即可将噪声专利批量删除。需要说明的是，去噪的过程不是一蹴而就的，第一次去噪后将根节点数据导入缓存，转为扁平的数据，再将缓存中的数据导回分类器，重复上述过程多次，最终完成数据的去噪操作。

2）语义排序去噪

也可以利用 Patentics 语义排序功能识别噪声专利。先将专利数据集合通过裁剪器回传至远程页面主搜索或从搜索，具体方法参见第 4.1.2 节，则在搜索框中生成相应的检索式。在此，在检索式中引用已知的噪声关键词，例如汽车，在检索式后添加"and r/汽车"，如图 4－2－45 所示，执行相应的语义检索，即可将专利集合中的相关噪声专利排在最前面显示。将检索结果再导入分类器中，如图 4－2－46 所示，生成节点文件夹

"SCLIENT – ALL – 汽车",通过对排在前面的专利粗略浏览即可识别噪声专利与非噪声专利,进而对噪声专利进行标记。**对分类器中一个根节点下的专利数据 A 标记,系统将自动对总节点下所有该专利 A 同时标记。**标记后,对原节点"无人机"下专利通过前述"修剪"功能,即可将噪声专利批量删除。同样地,在阅读过程中会不断发现新的噪声关键词,因此,上述过程同样需要重复多次,最终完成数据的去噪操作。

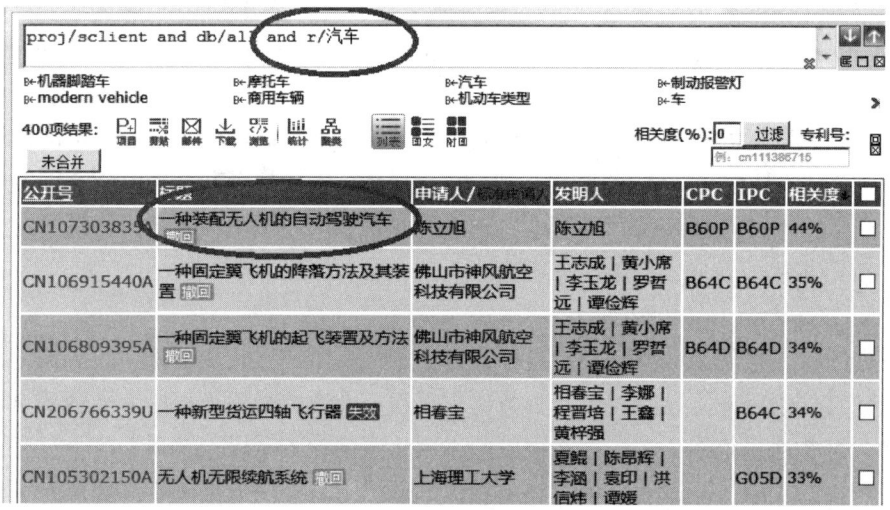

图 4-2-45 Patentics 客户端数据回传检索框并调整检索式

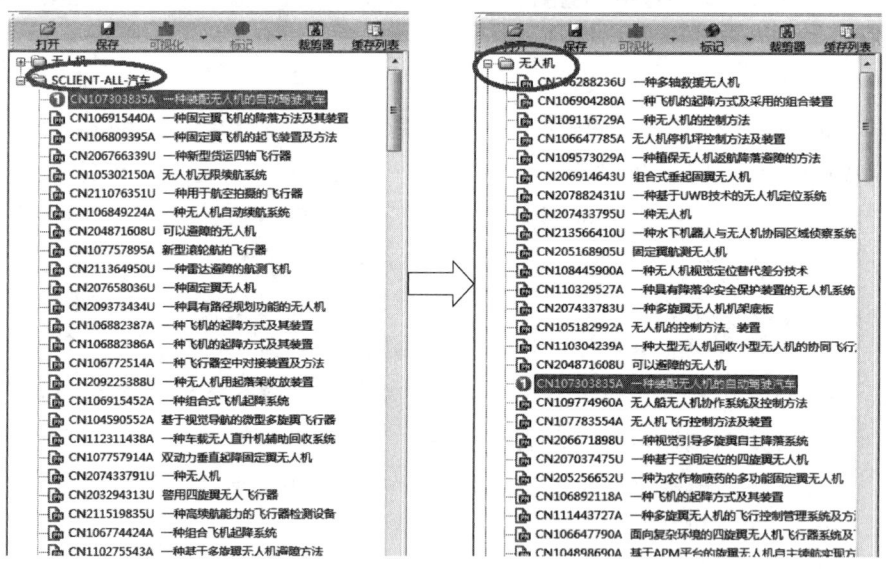

图 4-2-46 Patentics 客户端各节点同时标记

4.2.4 数据标引

数据标引是指根据不同的分析目标,在原始数据中加入相应的标识,以增加额外的标引字段来进行特定分析的过程。在传统专利分析流程中，基于标引工作量等原因，数据标引通常是数据处理的最后一个环节；而采用 Patentics 进行专利分析，可实现快速标引，因此数据标引与数据分组、数据清理环节在实际操作时交叉进行，用户应结合实际情况选择合适的操作步骤。

（1）标签标引

1）人工标引

Patentics 系统中使用“标签”功能进行标引。如第 3 章第 3.3.3 节所述，双击节点后，在右侧子窗口分类器页面显示列表浏览，在列表浏览界面，除著录项目等信息外，还可以看到“X 标签”“Y 标签”，如图 4－2－47 所示。在 X、Y 标签处标引内容，有三种方法：第一种，在右侧子窗口分类器页面单击列表界面中相应的专利 X、Y 标签处，变为可编辑状态，直接输入标引内容即可。第二种，在左侧子窗口分类器页面点击选择相应的专利，点击右键，弹出操作栏，选择“标记”，进一步选择“标签”，则弹出标签操作框，如图 4－2－48 所示。第三种，在右侧子窗口分类器页面列表界面中单击选择相应的专利，点击右键，弹出操作栏，同样选择“标记”，进一步选择“标记标签”，同样弹出图 4－2－48 所示标签操作框。当需要对节点下的专利数据进行统一标引时，同样地，在分类器页面点击选择相应的节点，点击右键，弹出操作栏，选择“标记”，进一步选择“标签”，则弹出图 4－2－48 所示标签操作框。在弹出的操作框中 X、Y 标签输入框分别输入标引内容即可实现批量标引。其中，在新添加标引内容，或已标引部分内容需要增加标引内容时，点击“追加”；“替换”为删除原标引内容，替换为新标引内容。X、Y 标签均可标引多个标引词，用分号“;”间隔，如图 4－2－28 所示。

序号	R	专利号	标题	申请人	发明人	X标签	Y标签	申请日	公开日	国际分类
1	P	CN20628...	一种多轴救援无人机	王典	王典			2016年08月1...	2017年06月3...	B64C 27/26|B...
2	P	CN10690...	一种飞机的起降方式及采用的组合装置	佛山市神风航...	王志成|黄华辉|...			2017年03月1...	2017年06月3...	B64D 5/00|B...
3	P	CN10911...	一种无人机的控制方法	无锡飞天侠科...	苏颖|高扬|闫廷...			2017年06月2...	2019年01月0...	G05B 13/04|...
4	P	CN10664...	无人机停机坪控制方法及装置	深圳市元征科...	刘均|孙建勋|张...			2016年11月1...	2017年05月1...	G05D 1/08
5	P	CN10957...	一种植保无人机返航降落避障的方法	江苏蒲公英无...	程义|陈迎			2018年12月1...	2019年04月0...	B64C 39/02|B...
6	P	CN20691...	组合式垂起固翼无人机	中国人民解放...	孙烨|杨毅|苏继...			2017年07月1...	2018年01月2...	B64C 39/02|B...
7	P	CN20788...	一种基于UWB技术的无人机定位系统	中南大学	周寒宇|黄相贤|...			2018年02月0...	2018年09月1...	G01S 5/02
8	P	CN20743...	一种无人机	深圳中坚实业...	覃坚|邓杰钟|杨...			2017年09月0...	2018年06月0...	B64C 27/20|B...
9	P	CN21356...	一种水下机器人与无人机协同区域侦察系统	南京信息工程...	刘家辉|梅平|马...			2020年10月3...	2021年06月2...	B63G 8/00|B...
10	P	CN20516...	固定翼航测无人机	广州南方测绘...	秦建明|王建国|...			2015年12月0...	2016年04月2...	B64C 39/02|B...
11	P	CN10844...	一种无人机视觉定位替代差分技术	江苏大成航空...	李光磊			2018年06月2...	2018年08月2...	G05D 1/08|G...
12	P	CN11032...	一种具有降落伞安全保护装置的无人机系统	深圳市安泽拉...	许文杰|吴泽森			2019年08月0...	2019年10月1...	B64F 1/00|B...
13	P	CN20743...	一种多旋翼无人机机架底板	北京工业大学	郑鑫|熊时楠|刘...			2017年08月2...	2018年06月0...	B64C 1/00|B...
14	P	CN105182992A	人机的控制方法、装置	深圳一电科技...	张显志			2015年06月3...	2015年12月2...	G05D 1/10
15	P	CN11030...	一种大型无人机回收小型无人机的协同飞行方法	中国民航大学	胡小兵|廖建勤			2019年07月2...	2019年10月0...	B64C 19/02|B...
16	P	CN20487...	可以避障的无人机	润泰救援装备...	郭志文|乔安营|...			2015年07月0...	2015年12月1...	B64C 39/00|B...
17	1	CN10730...	一种装配无人机的自动驾驶汽车	陈立旭	陈立旭			2016年04月2...	2017年10月3...	B60P 3/11
18	P	CN10977...	无人船无人机协作系统及控制方法	集美大学	周海峰|张桂玲|...			2019年02月2...	2019年05月2...	B64F 1/00|B...
19	P	CN10778...	无人机飞行控制方法及装置	北京臻迪机器...	郑卫锋|其他发...			2016年08月2...	2018年03月0...	G05D 1/10|G...

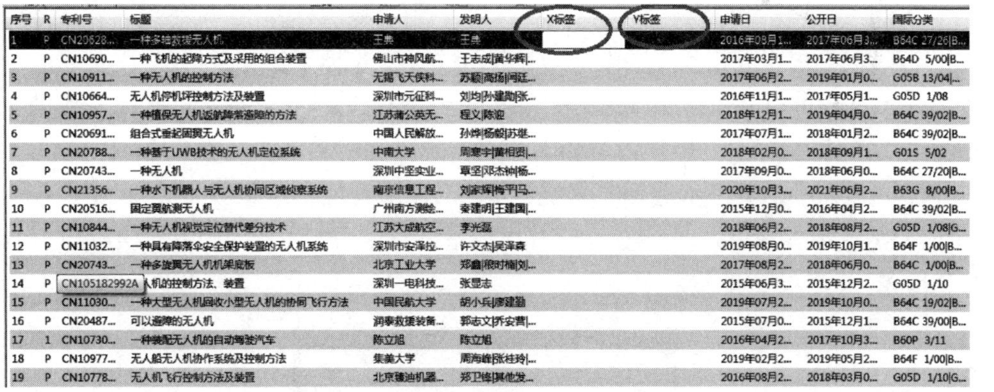

图 4－2－47 Patentics 客户端标引界面

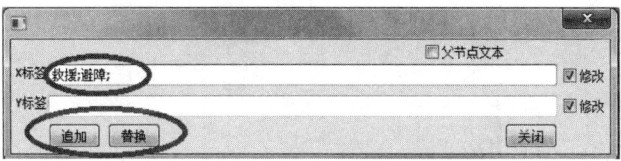

图 4－2－48 Patentics 客户端标签标引操作框

还可以利用"智能浏览"模块中的"协同标引"进行快速人工标引。点击选择相应的节点,点击右键,弹出操作栏,选择"智能浏览",进一步选择"协同标签",则在右侧子窗口分类器页面自动显示专利列表,在左侧子窗口图片页面顺序显示每件专利的摘要/独立权利要求以及附图,如图4-2-49所示。双击列表中的专利,则在左侧显示对应专利的摘要等内容,以便使标引操作页面与专利内容同步显示,从而让用户在理解专利的同时,进行标引操作,提高标引效率。

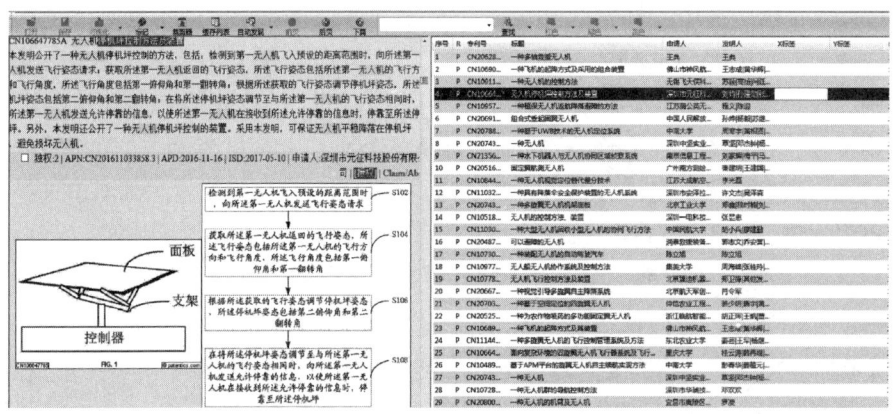

图4-2-49 Patentics客户端协同标引界面

2）自动标引

除提供传统人工标引功能外,Patentics还提供由机器完成的自动标引功能。操作方法如下:点击选择相应的节点,点击右键,弹出操作栏,选择"标记"-"文本标签",可进一步选择"标题标签""摘要标签"或"权项标签",则系统自动提取专利标题内容、摘要内容或权利要求内容,并自动填写在X标签处。

Patentics还可以基于语义模型,自动理解专利内容,自动提取具有代表性的关键词进行自动的智能标引。操作方法如下:点击选择相应的节点,点击右键,弹出操作栏,选择"标记",进一步选择"智能标签",弹出智能标签设置框,如图4-2-50所示,分别选择X标签、Y标签的标引词数量,点击"确定",则系统自动进行提取和标引。

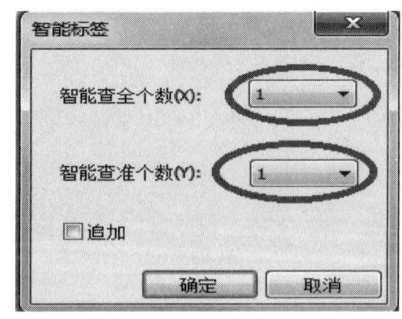

图4-2-50 Patentics客户端智能标签设置框

(2) 标签分组

在分组操作框中，基于标引内容的分组项有 5 个，如图 4-2-1 所示，分别为"X 标签-C""Y 标签-C""X 标签""Y 标签"以及"XY 标签"。关于"X 标签"和"Y 标签"分组项，系统将 X、Y 标签中的多个标引词识别为一个整体，进行分组；关于"X 标签-C"和"Y 标签-C"分组项，系统将标签中的每个标引词分别识别为一个标签，进行分组；关于"XY 标签"，系统将 X 和 Y 标签中的多个标引词一起识别为一个整体，进行分组。

相应地，分组设置中的"标签立方"选项，与"数据立方"相似。当标签中有多个标引词时，勾选"标签立方"选项可实现多个标引词进行层级递进分组，而非平行分组。因此，"标签立方"功能仅适用于"X 标签-C"和"Y 标签-C"分组项。

(3) 标签保存及回传

标引工作通常需要多人共同完成，因此，为提高标引效率以及标引的一致性，对于已完成标引的专利数据，Patentics 提供标签保存以及回传功能。保存功能如下：点击选择相应的节点，点击右键，弹出操作栏，选择"导出"，进一步选择"标签数据"，则弹出 txt 文件保存窗口，点击"保存"即可。例如，保存专利集合 A 标引数据的 txt 文件如图 4-2-51 所示。

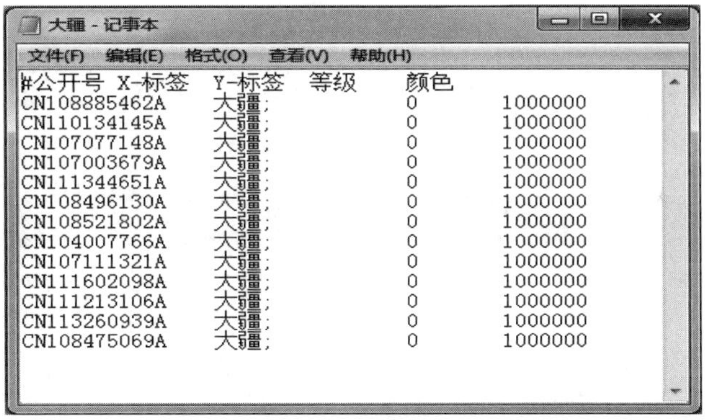

图 4-2-51　Patentics 客户端标引标签保存

在专利集合 A 标引数据保存后，还可以进一步将标引数据回传，以便共同标引的人员可以直接导入已完成标引的相关专利的标签。回传功能如下：点击选择分类器中专利集合 B 的节点，点击右键，弹出操作栏，选择"导入"-"标签数据"，进一步选择已保存的具有标引内容的专利集合 A 的 txt 文件，则系统自动识别集合 A 与集合 B 中相同的专利，并将其对应的已标引内容标引在集合 B 中相应专利的标签内。

4.3　客户端可视化

专利分析的可视化有助于使复杂的专利分析数据及大量产业技术、法律信息更加明确、有效、美观地呈现给读者。Patentics 系统目前提供 65 种可视化图形，通过系统对专利数据的自动处理，**只要构建符合图表所需的分组结构，可即刻形成各种直观、形象的分析图表**。Patentics 可视化模块通过自动化手段将专利分析可视化的人力成本极度降低。

4.3.1 图表预览

Patentics 图表预览功能真正实现预览即所得，非常适合初期使用的用户。调用预览的方法为：在分类器页面，点击选择需要进行可视化的数据节点，点击鼠标右键，弹出操作栏，选择"可视化"，进一步选择"预览"，则在右侧子窗口可视化页面显示 65 种可视化图形模板，如图 4-3-1 所示。图形模板既包括常规的饼图、柱状图、折线图、气泡图、雷达图，也包括近年在专利分析中常见的关系图、地图、和弦图、桑基图、周期图等。用户可以在 65 种可视化图形模板中进行直观、快速的选择。

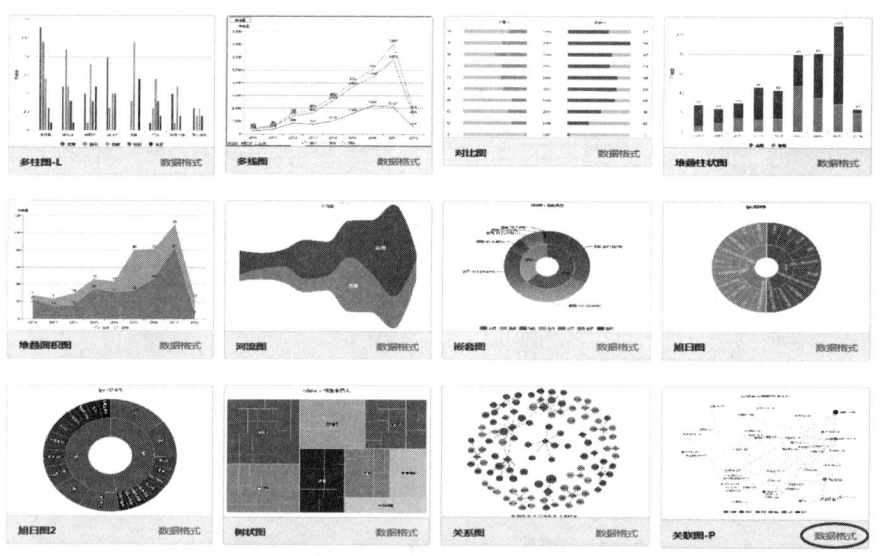

图 4-3-1　Patentics 客户端可视化预览

在预览界面，当分类器中数据的分组结构符合构图需要时，直接点击选择相应的图形模板，则即刻直接生成相应的图形；当分组结构不符合构图需要时，则提示分组结构不满足绘制条件。查看每个图形所需分组结构，可点击每个预览图形右侧的"数据格式"按钮，如图 4-3-1 所示，则显示该图形所需分组结构。此外，客户端 cls 文件夹中提供一个可视化 demo 文件"p-demo-modern-4"，如图 4-3-2 所示。该文件存储了各种图形所需分组结构；在使用中，用户只需依照 demo 文件构建相同的分组结构，选择相应的图表即可完成可视化制图。

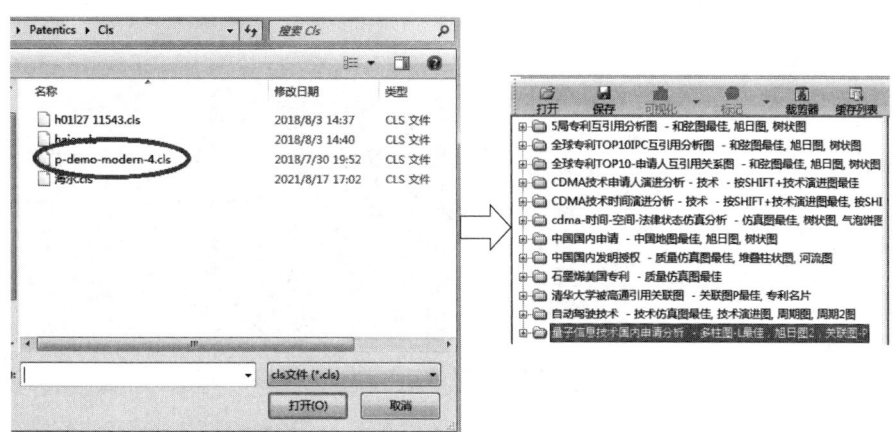

图 4-3-2　Patentics 客户端自带 demo 文件

下面**以数据结构为切入点，介绍各类可视化图表的制作方法和呈现方式**，但各种内容的可视化呈现并不是唯一的，而是多样的，可视化图表始终服务于需要表达的内容，图表的选择取决于意图表现何种数据关系。用户需要根据不同的需求，选择合适的呈现方式。

4.3.2　二维图表

二维图表是最基础的图表，呈现两个维度的变化信息，例如，常见的横纵坐标各表示一种变化信息的标准折线图、单一柱形图，以及表示构成单位与构成量的饼图均属于二维图表。因此，Patentics 系统中二维图表的构建需要两个变量，形成一层分组结构。

（1）申请趋势分析

在对产业、技术进行总体分析时，通常首先要对申请趋势进行分析，包括申请量、申请人数量、发明人数量随时间变化的趋势，图表常用折线图、面积图和柱形图等呈现。二维的折线图，即标准折线图，仅需要构建一层分组结构；点击选择相应的根节点，在操作栏中选择"可视化"－"2维图"，进一步选择"折线图"，则即刻生成相应根节点数据的折线图，如图 4-3-3 所示。

二维柱形图、二维条形图、标准面积图均可认为是二维折线图的变化形式，因此，构建及表达方法均与二维折线图相同，可直接点击可视化页面左上角"类型"按钮进行切换选择。

（2）技术构成分析

在专利分析中，通常需要体现各技术分支申请量的比例关系，图表常用饼图、条形图等呈现。二维的饼图同样仅需要构建一层分组结构，在操作栏中选择"可视化"－"2维图"，进一步选择"饼图"，则即刻生成相应根节点数据的饼图，如图 4-3-4 所示。

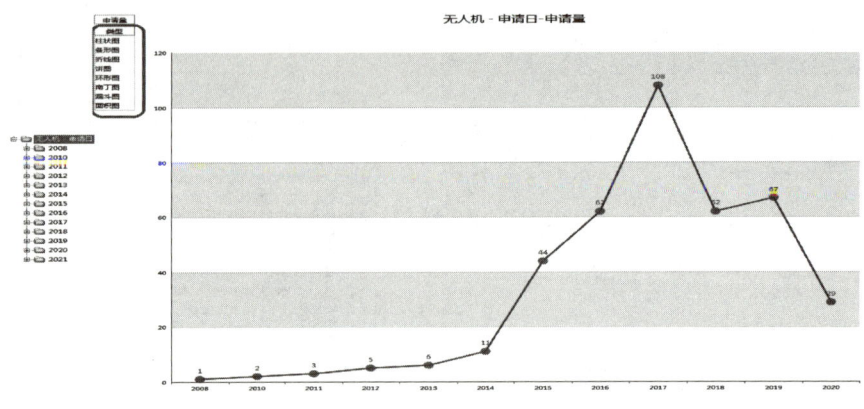

图4-3-3　Patentics客户端可视化折线图

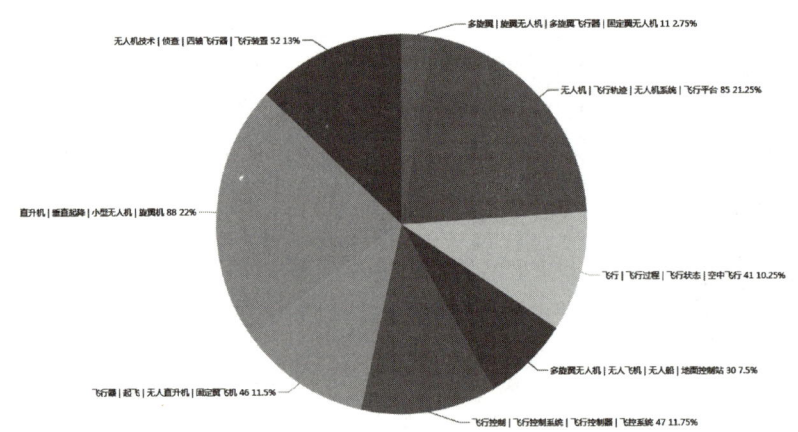

图4-3-4　Patentics客户端可视化饼图

环图、漏斗图、南丁格尔图均可以认为是饼图的变化形式，因此，构建及表达方法均同理，可直接点击可视化页面左上角"类型"按钮进行切换选择。

（3）地域分布分析

在专利分析中，大量与地理位置相关的数据都可以用地图来表示，例如申请人、申请量的地域分布等。Patentics提供中国地图和世界地图模板，仅需按照地域分组：中国地图按省区市分组，世界地图按国家/地区分组，选择相应的地图模板即可直接生成热力地图，颜色越深表示数量越大，颜色越浅表示数量越小，一目了然。

（4）申请人排名分析

在专利分析中，通常需要对申请人的申请量、授权量、有效量等进行排名，能够从众多市场主体中遴选出值得关注的重要市场主体，从而进一步挖掘更具体、更有针对性的专利情报，图表常用条形图/柱状图、矩形树图等呈现。二维的条形图，仅需要构建一层分组结构；点击选择相应的根节点，在操作栏中选择"可视化"-"2维图"，进一步选择"条形图"，则即刻生成相应根节点数据的条形图，如图4-3-5所示。

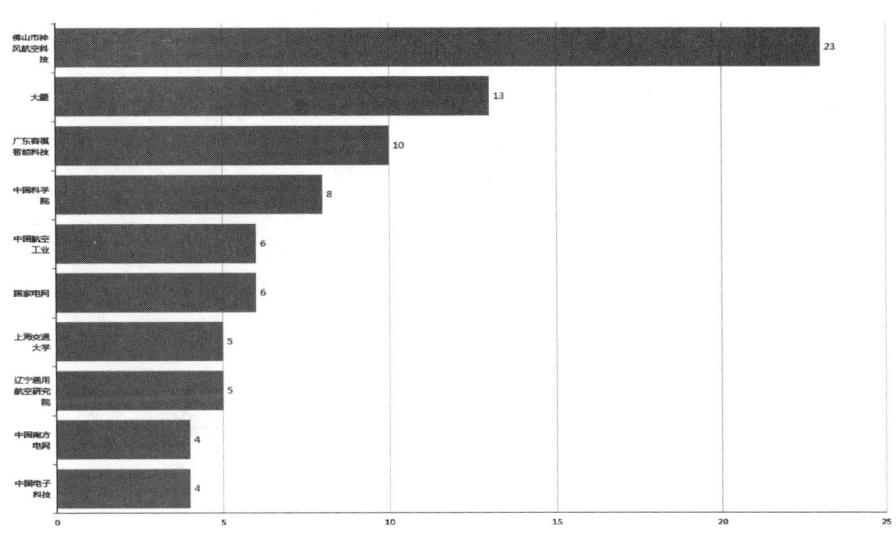

图 4-3-5　Patentics 客户端可视化条形图

柱状图等可以认为是条形图的变化形式，因此，构建及表达方法同理，可直接点击可视化页面左上角"类型"按钮进行切换选择。

4.3.3　三维图表

三维图表顾名思义，呈现三个维度的变化信息。因此，在二维图表的基础上再表示一种变化信息，或者通过多个二维图表示不同分组项变化均可得到三维图表，例如多线图、多柱图、堆叠柱形图、多环图、气泡图。因此，Patentics 系统中三维图表的构建需要三个变量，形成二层分组结构。

（1）申请趋势分析

当进行申请趋势分析，需要对一类数据系列进行整体比较时，图表常用多线图、多柱图等呈现，可体现多个国家/地区或各技术领域或多个申请人的申请量/授权量随时间的变化趋势。三维的折线图，即多线图，需要在前述构建的一层分组结构基础上再次进行分组，形成二层的分组结构，如图 4-3-6 所示。点击选择相应的根节点，在操作栏中选择"可视化"-"高维图"，进一步选择多线图，则即刻生成相应根节点数据的多线图。

多柱图、堆叠面积图、河流图可以认为是多线图的变化形式，因此，构建及表达方法原理均相同，在此不再赘述。

堆叠柱状图通常用于在整体趋势分析中进一步划分多个分支，体现在同一时间各分支的比例，例如，在分析申请量随时间的变化中进一步划分申请人分支，如图 4-3-7 所示。堆叠柱形图，同样需要在前述构建的一层分组结构基础上再次进行分组，形成二层的分组结构；点击选择相应的根节点，在操作栏中选择"可视化"-"高维图"，进一步选择"堆叠柱状图"，则即刻生成相应根节点数据的堆叠柱状图。

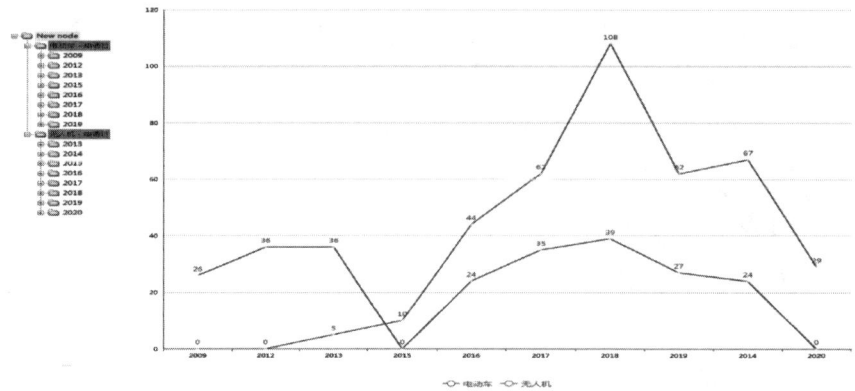

图 4-3-6　Patentics 客户端可视化多线图

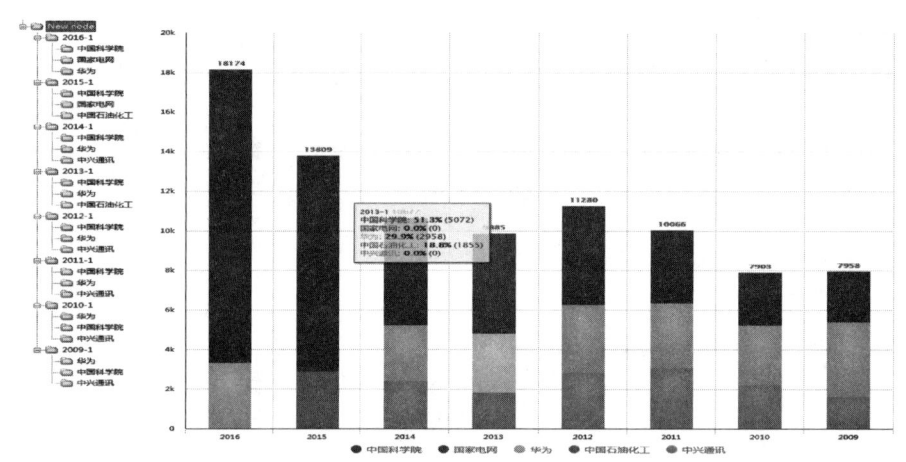

图 4-3-7　Patentics 客户端可视化堆叠柱形图

（2）技术构成分析

嵌套图是环图的进一步变化形式，通过内环与外环再体现一个数据维度，通常用于展示某一技术领域的技术分解情况，同时又能体现各级技术分支中专利数量的比例。嵌套图需要基于技术分解分组后进一步进行技术分解，形成二层的分组结构，如图 4-3-8 所示；点击选择相应的根节点，在操作栏中选择"可视化"-"高维图"，进一步选择"嵌套图"，则即刻生成相应根节点数据的嵌套图，如图 4-3-8 所示。

旭日图与嵌套图构建及表达方法原理均相同，在此不再赘述。

（3）实力比较分析

对申请主体进行分析是专利分析的重要组成部分，申请主体的实力比较通常是对两个或多个申请人的专利技术实力进行比较。当对两个申请人的不同专利技术实力进行比较时，常采用对比图呈现，如 4-3-9 所示；当对多个申请人的实力进行比较时，可以采用雷达组图、散点图、气泡图呈现。对比图可以认为是将两组条形图结合，也可以认为是多柱图的变化形式，因此需要在构建的一层分组结构基础上再次进行分组，形成二层的分组结构；点击选择相应的根节点，在操作栏中选择"可视化"-"高维图"，进一步选择"对比图"，则即刻生成相应根节点数据的对比图。

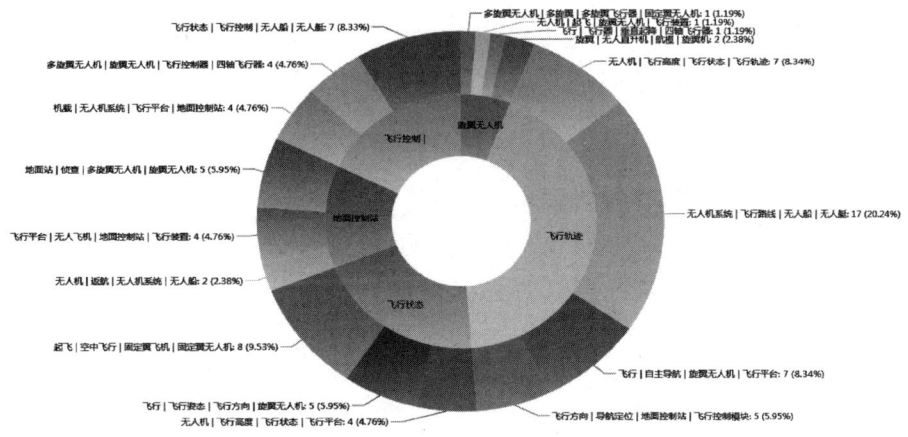

图 4-3-8　Patentics 客户端可视化嵌套图

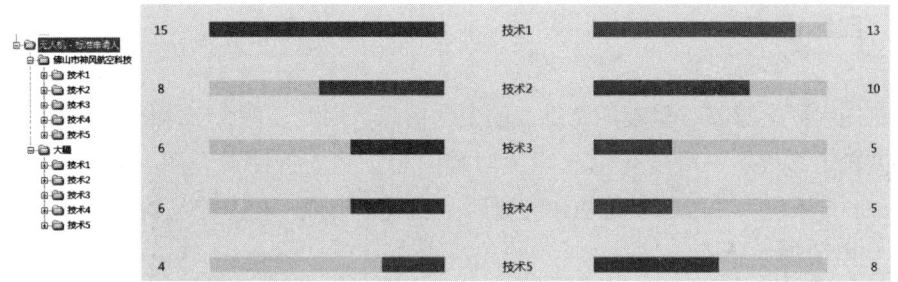

图 4-3-9　Patentics 客户端可视化对比图

（4）质量参数比较分析

单一雷达图通过轴向和周向表示两个维度的变量，可以认为是折线图的折叠形式。可见，雷达组图中的多组雷达可以认为是多线图的折叠形式，表示三个维度的变化信息。雷达图最初在财务分析领域，表现某一公司的各项财务分析所得的数字或比例，雷达组图可用于同时比较多个数据系列的数值大小。在使用 Patentics 进行专利分析中，雷达图（雷达组图）常用于对申请主体的专利实力进行分析，如图 4-3-10 所示。这里需要再次介绍两个重要概念：专利度和特征度，这是 Patentics 系统通过智能算法提供的两个可以进行分析的数据项。如第 3 章所述，专利度是专利全部权利要求的个数（独立权利要求和从属权利要求）；特征度是 Patentics 通过语义算法自动截取的权利要求 1 技术特征的个数。因此，虽然雷达组图实质上体现了 3 个维度的信息，但是在 Patentics 的可视化模块中，将雷达组图归于"2 维图"中，因为在使用该模板时，专利度与特征度由 Patentics 系统在后台自动进行统计计算，因此，用户在调用雷达组图时，仅需要构建一层分组结构即可。

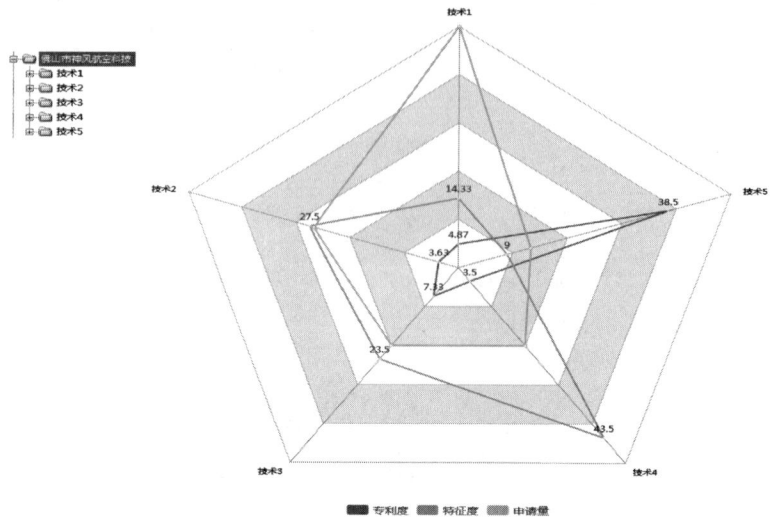

图 4-3-10　Patentics 客户端可视化雷达图

4.3.4　四维图表

四维图表顾名思义，呈现四个维度的变化信息。因此，两个二维图的叠加或在三维图表的基础上多表示一种变化信息均为四维图表，例如折柱混合图、饼状气泡图。因此，Patentics 系统中四维图表的构建需要四个变量，形成三层分组结构。

（1）申请趋势分析

折柱混合图是使用 Patentics 进行整体趋势分析时的一种常用图表。与雷达组图类似，虽然折柱混合图实质上是折线图与多柱图的叠加，体现了四个维度的信息，但是在 Patentics 的可视化模块中，将折柱混合图归于"2 维图"中，因为在使用该模板时，专利度与特征度由 Patentics 系统在后台自动进行统计计算，因此用户仅需要构建一层分组结构即可，如图 4-3-11 所示。点击选择相应的根节点，在操作栏中选择"可视化"-"2 维图"，进一步选择"折柱混合图"，则即刻生成相应根节点数据的折柱混合图。

（2）技术功效分析

技术功效分析表达的是技术手段和技术效果的直接关系，可以发现某一技术领域的专利雷区和空白区，图表常用气泡图、热力图呈现，实质上是功效矩阵表的可视化表达。热力图与气泡图均为三维图表，是在横纵轴变量的基础上，通过在每个点上增加数值再体现一个数据维度。气泡饼图是在气泡内进一步划分从而再体现一个数据维度，例如进行申请人的划分或国内外的划分，因此气泡饼图可以表示四个维度的变量，需要构建三层的分组结构，如图 4-3-12 所示。点击选择相应的根节点，在操作栏中选择"可视化"-"高维图"，进一步选择"气泡饼图"，则即刻生成相应根节点数据的气泡饼图。

第 4 章
专利分析

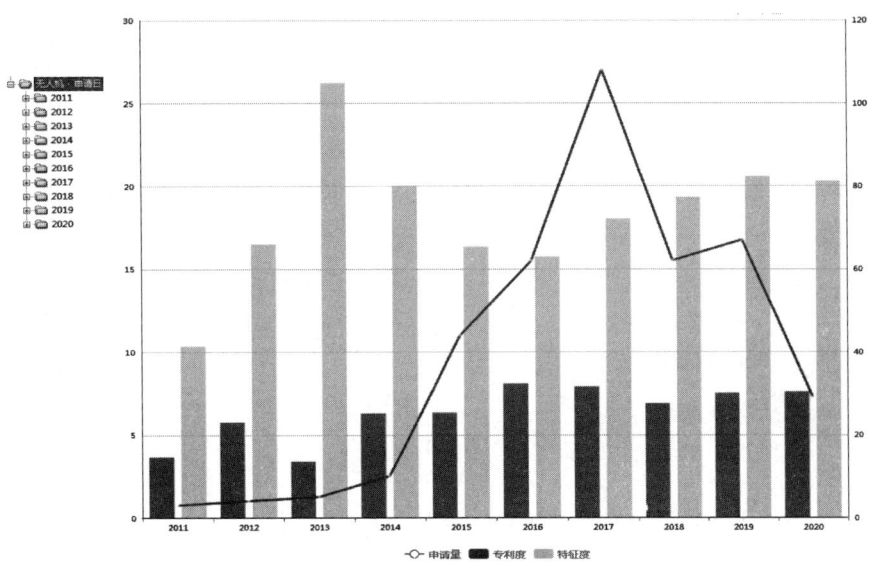

图 4-3-11 Patentics 客户端可视化折柱混合图

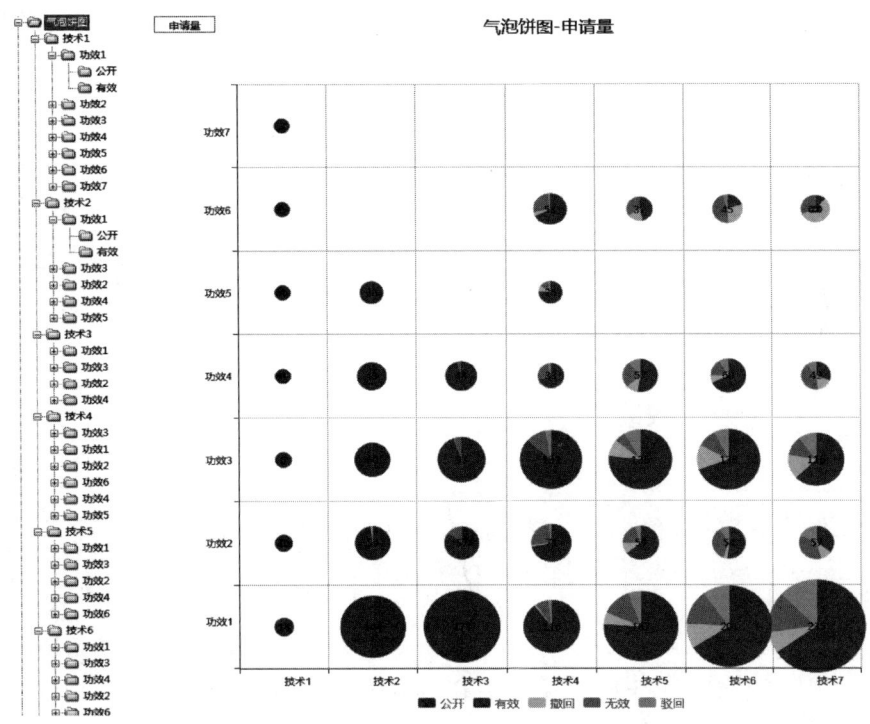

图 4-3-12 Patentics 客户端可视化气泡饼图

4.3.5 特殊图表

随着专利分析的数据项逐渐增多，专利分析的需求更加多样化，相应地，专利分析可视化的呈现方式也有新的变化，出现了诸多新颖的图表或传统图表的转用，例如周期图、和弦图、关系图等。**这些图表不仅对数据结构有特定要求，对数据项也有要求。**

（1）周期图

周期图在专利分析中常用于呈现某一项技术随时间的变化，体现技术发展变化态势。由于周期图呈现技术的生命周期，横坐标为申请量，纵坐标为申请人数量，因此周期图体现二个变量，需要选择"申请日"作为分组项构建一层的分组结构，如图4-3-13所示。Patentics可视化模块的周期图中还附有一个小图，体现竞争率随时间的变化情况。竞争率是Patentics系统提供的又一数据项，Patentics对竞争率的定义是单位申请人的申请量（申请量/申请人数量）。因此，竞争率越大，说明在该时间段专利申请的竞争越激烈。

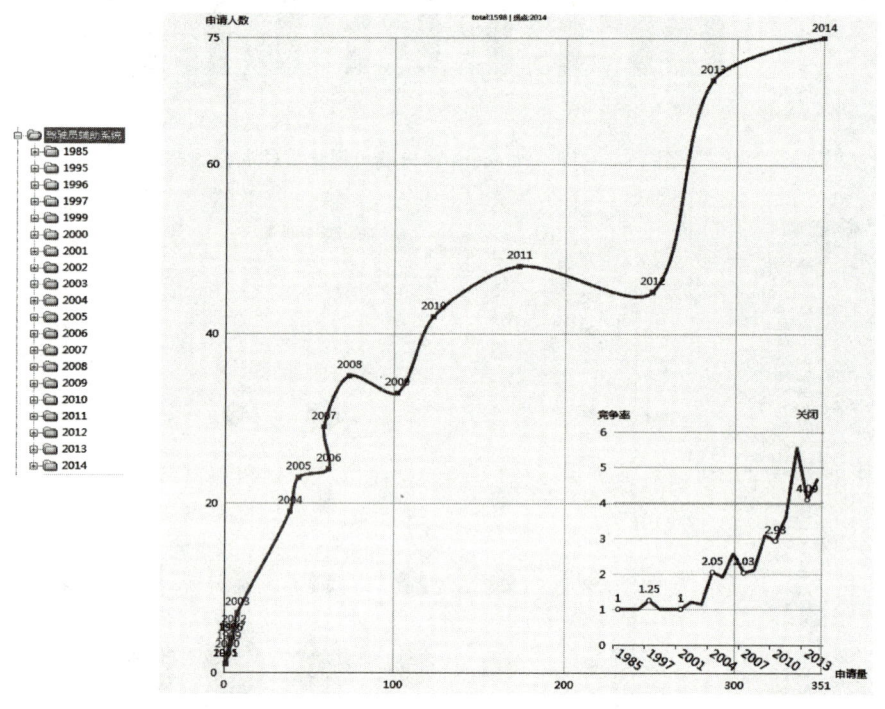

图4-3-13　Patentics客户端可视化周期图

（2）关系图

关系图，是呈现复杂网络关系的图表，在专利分析中常用于呈现申请主体专利合作分析。关系图可以表现出该领域复杂的合作申请状况，也可以很容易地识别该领域中合作申请人的核心主体。以申请主体的合作关系为例，需要选择"标准申请人"作为分组项构建分组结构，涉及共同申请人的专利数据会同时分在不同的申请人节点下，此时，再次对各个标准申请人节点进行标准申请人分组，如图4-3-14所示，形成标准申请人的二层分组结构。点击选择相应的根节点，在操作栏中选择"可视化"-"高维图"，进一步选择"关系图"，则即刻生成相应根节点数据的关系图。构建Patentics可视化模块中的关系图，系统在后台自动根据特征度再次对申请人进行了区别。

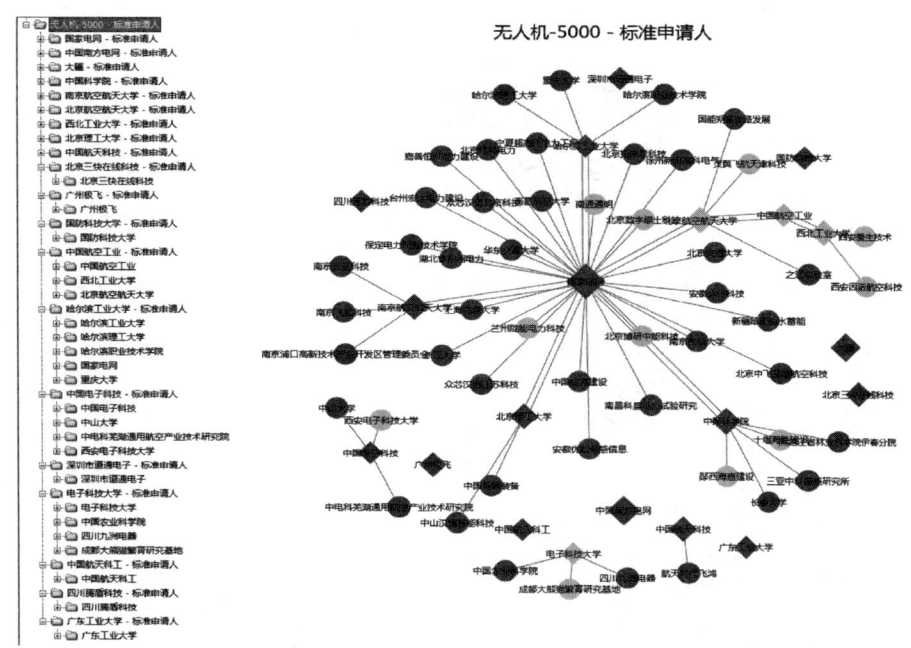

图 4-3-14　Patentics 客户端可视化关系图

4.3.6　图表编辑

（1）深挖掘

在鼠标右键的操作栏中，标有"可深挖掘"的图形，可以用于在图表上直接进行进一步的分析制图。将鼠标移动至可视化图形上需要进一步分析的内容部分，鼠标箭头变为手指状，单击鼠标，弹出分组操作框，勾选需要分组的数据项，则在左侧相应数据的节点处进一步分组，同时生成可视化图表，如图 4-3-15 所示。

（2）变量切换

使用 Patentics 可视化模板进行制图，系统默认以专利数量为统计单位，用户可以手动选择切换统计单位，如图 4-3-3 所示。同时，使用 Patentics 可视化模板进行制图，系统自动根据分组项进行横纵坐标分配，用户可勾选页面左下角"反转"按钮，进行横纵轴变量反转切换。

（3）规范配置

Patentics 不仅为用户提供了最快捷的可视化制图模块，还提供了根据制作规范对图形标注等内容进行调整的配置功能，以满足用户各自不同的需求。配置方法为，点击上方工具栏"工具"按钮，选择"可视化配置"，如图 4-3-16 所示，弹出可视化配置设置框，其中可以对图形位置、图形配色、注释字体等进行细致的调整。

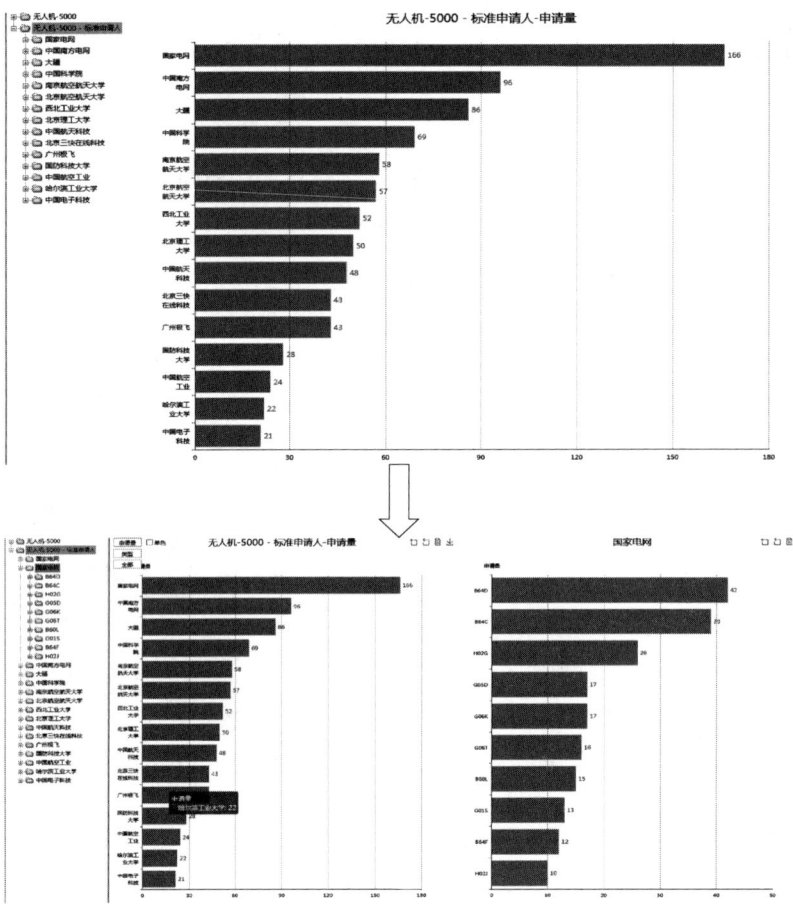

图 4-3-15 Patentics 客户端可视化深挖掘

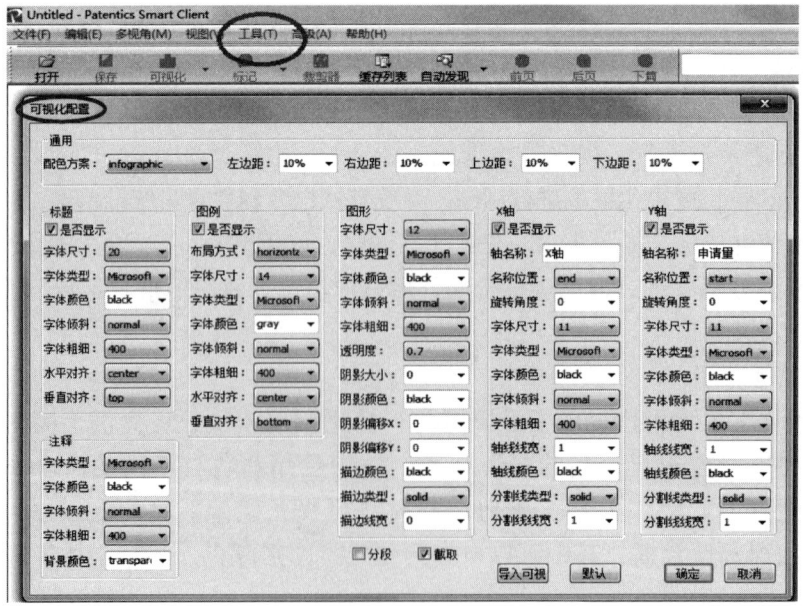

图 4-3-16 Patentics 客户端可视化配置

4.4 客户端结果保存

Patentics 系统在专利分析结果输出格式上设计了多种应用于各种场景的文件格式，既有与其他数据商相同的"Word、Excel、Html"等传统保存方式，还有 Patentics 独有"cls 文件""最后一公里"等保存形式。cls 文件可以保存分析过程中任意阶段的中间结果，不仅使得工作可以随时中止、随时继续，并且很好地解决了多人协同工作问题。而 Patentics 5.0 提供的"最后一公里"结果导出功能真正打通了专利情报获取的"最后一公里"障碍，具体将在第 5 章介绍。

4.4.1 专利数据保存

（1）文本文件导出

1）txt 文件

导出没有分组结构的专利列表 txt 文件方法为：点击选择相应的节点，点击鼠标右键，弹出操作栏，选择"导出"；进一步选择"文本文件"，则自动生成包含一行一个专利公开号的 txt 文件；选择"著录项文件"，则自动生成包含著录项目的 txt 文件。

导出具有多节点分组结构的 txt 文件方法为：点击选择相应的节点，点击鼠标右键，弹出操作栏，选择"导出"-"节点图"，可进一步选择"含专利 txt"或"不含专利 txt"。含专利的 txt 文件，如图 4-4-1 所示；不含专利仅显示节点信息的 txt 文件，如图 4-4-2 所示。

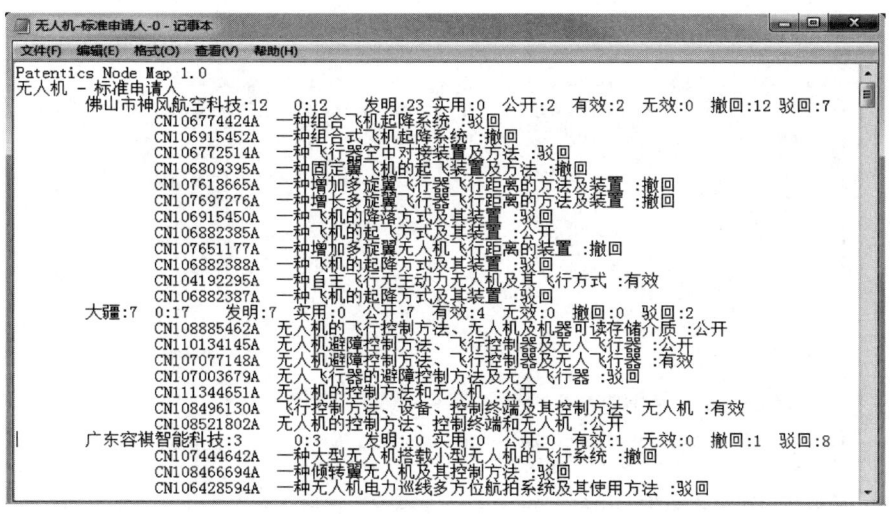

图 4-4-1　Patentics 客户端导出含专利 txt 文件

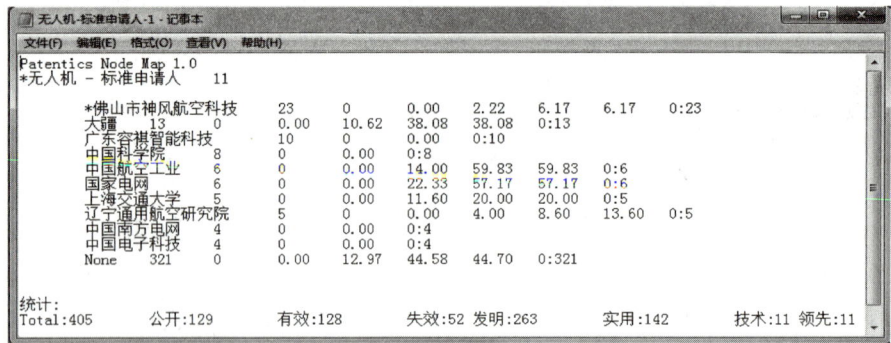

图 4-4-2　Patentics 客户端导出不含专利 txt 文件

2）Word 文件导出

导出没有分组结构的专利列表 Word 文件方法为：点击选择相应的节点，点击鼠标右键，弹出操作栏，选择"导出"，进一步选择"Word"，弹出导出 Word 文件的设置框，如图 4-4-3 所示，勾选所需项目，点击"确定"，则自动生成包含勾选项目的 Word 文件。导出项中公开号为必选项目，且无法修改；主权利要求与对偶主权利要求需要成对勾选，勾选后则在 Word 中显示授权前后独立权利要求修改对照；勾选摘要自动导出摘要附图；关于关联项中选择是否需要链接功能，具有链接功能的公开号可链接至 Patentics 网站专利全文，点击链接可直接在线浏览专利全文，而无需 Patentics 账号。

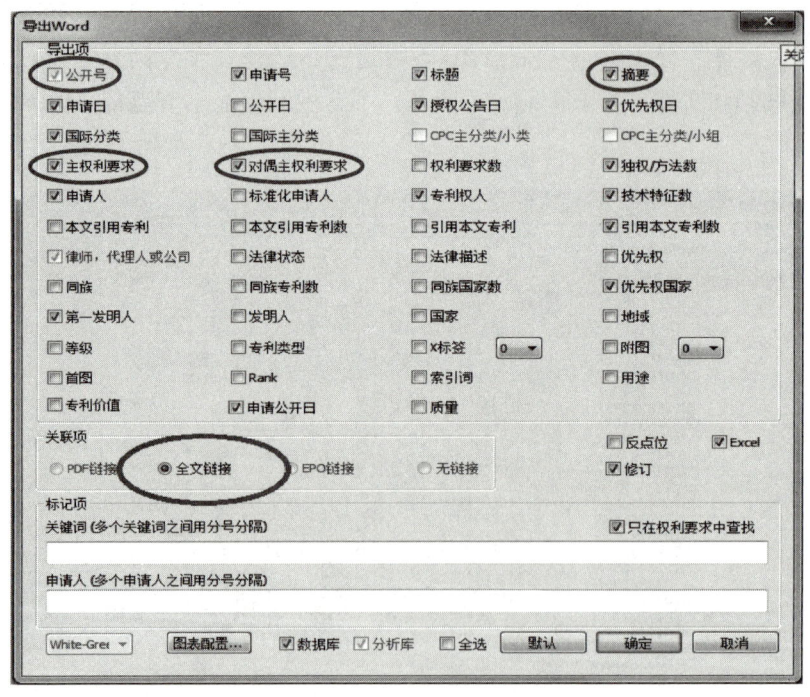

图 4-4-3　Patentics 客户端导出 Word 设置框

导出具有多节点分组结构的 Word 文件方法为：点击选择相应的节点，点击鼠标右键，弹出操作栏，选择"导出"-"节点图"，进一步选择"Word 导航"，则自动生成显示节点信息的 Word 文件，如图 4-4-4 所示。

```
Patentics                                          www.patentics.com
数据示例
数量；APD: 申请日；ISD: 公开日；ACC: 专利度；TCC: 特征度；REF: 被引用度

无人机-标准申请人：405; APD: 2008-2021; ISD: 2009-2021; ACC: 7.3; TCC: 18.6; REF: 2.8
    佛山市神风航空科技：23; APD: 2014-2017; ISD: 2014-2018; ACC: 4.4; TCC: 18.9; REF: 1.0
    大疆：13; APD: 2014-2019; ISD: 2014-2021; ACC: 31.8; TCC: 9.8; REF: 4.3
    广东容祺智能科技：10; APD: 2016-2018; ISD: 2017-2018; ACC: 4.7; TCC: 18.5; REF: 2.3
    中国科学院：8; APD: 2017-2021; ISD: 2017-2021; ACC: 6.5; TCC: 22.8; REF: 1.9
    中国航空工业：6; APD: 2013-2019; ISD: 2013-2020; ACC: 3.5; TCC: 43.5; REF: 5.2
    国家电网：6; APD: 2013-2020; ISD: 2013-2021; ACC: 7.3; TCC: 23.5; REF: 4.7
    上海交通大学：5; APD: 2015-2018; ISD: 2016-2018; ACC: 8.8; TCC: 15.6; REF: 4.2
    辽宁通用航空研究院：5; APD: 2016-2020; ISD: 2016-2021; ACC: 3.6; TCC: 17.8; REF: 0.2
    中国南方电网：4; APD: 2018-2019; ISD: 2018-2020; ACC: 7.8; TCC: 11.8; REF: 1.0
    中国电子科技：4; APD: 2019-2020; ISD: 2020-2020; ACC: 6.3; TCC: 22.0; REF: 0.0
None：321; APD: 2008-2021; ISD: 2009-2021; ACC: 6.9; TCC: 18.4; REF: 2.9
```

图 4-4-4　Patentics 客户端导出节点信息的 Word 文件

（2）Excel 文件导出

1）Excel 表格

导出没有分组结构的专利列表 Excel 文件方法为：点击选择相应的节点，点击鼠标右键，弹出操作栏，选择"导出"-"Excel"，进一步选择"列表"，弹出导出 Excel 文件的设置框，如图 4-4-5 所示，勾选所需项目。导出项的勾选及关联项中是否需要链接功能，与导出 Word 设置框类似，在此不再赘述。标注项选择项目，则在导出的 Excel 中用颜色标注相应的项目；在标记项中输入关键词，则在导出的 Excel 中高亮显示相应的关键词；申请人同理高亮显示。

导出具有多节点分组结构的 Excel 文件方法，与上述导出没有分组结构的单节点专利列表 Excel 方法相同，即点击选择相应的节点，点击鼠标右键，弹出操作栏，选择"导出"，进一步选择"Excel"。只是导出的 Excel 增加一列，显示列表分组结构。

2）Excel 分析图

系统默认勾选数据库与分析库，如图 4-4-5 所示。"数据库"为导出的 Excel 数据页，如果需要导出可视化分析图，必须勾选"分析库"。导出可视化分析图需要在"图表配置"中进行相应的配置，如果不完成配置，仅勾选分析库，则只能生成空白的分析库 sheet。点击"图表配置"按钮，弹出图表配置框，如图 4-4-6 所示。首先选择"X 轴""Y 轴"的项目，点击选择，则完成一张分析图的配置；点击"添加"，可以继续选择"X轴""Y轴"的项目配置第 2 张图,最后点击"确定"完成配置。"值"可选择"申请量""专利度""特征度",是该图表的第 3 个维度;勾选"Bar"则生成柱状图,不勾选则生成气泡图。

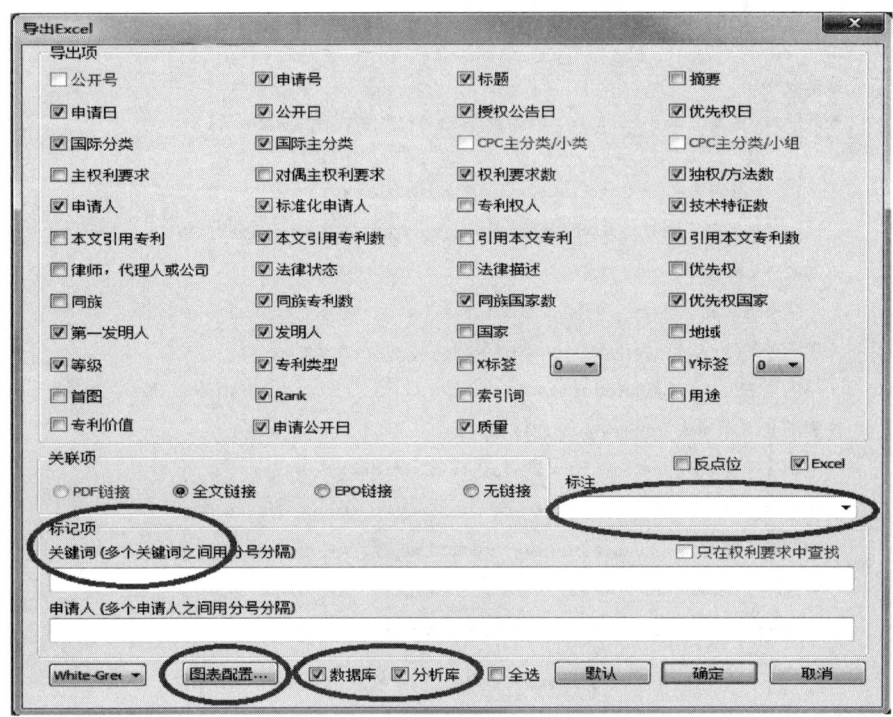

图 4-4-5 Patentics 客户端导出 Excel 设置框

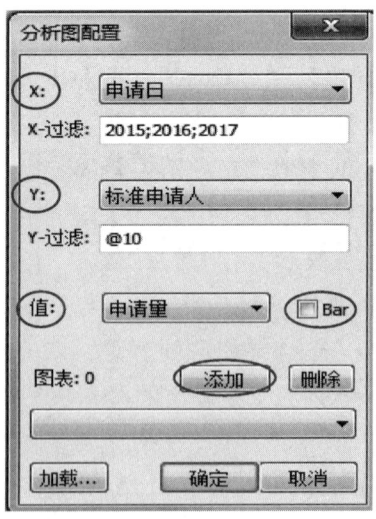

图 4-4-6 Patentics 客户端导出 Excel 分析图配置框

此外,当不希望对分组中的所有节点做图时,还可以使用条件过滤功能。"X 轴""Y 轴"分析项的下方为"X-过滤"和"Y-过滤",如图 4-4-6 所示。在其中输入过滤条件，例如各年代用半角分号";"间隔，在数值前加"@"表示截取前 n 位，在数值前加"#"表示专利数量至少为 n 才能保留至分析图。

在"X 轴""Y 轴"的选项中可以看到"技术 1""技术 2""技术 3"，用于"技术"分组的可视化。对于技术分组的节点，当第一层技术分组下还有第二层技术分组结构以及第三层技术分组结构时，相应的配置项中显示"技术 1""技术 2""技术 3"。

（3）HTML 文件

导出具有多节点分组结构的 HTML 文件方法为：点击选择相应的节点，点击鼠标右键，弹出操作栏，选择"导出"-"节点图"，进一步选择"含专利 HTML"，则导出含节点名称 HTML 文件。

（4）导出本地库

前述 txt、Word、Excel 等文件都是导出专利的一些项目，尽管通过链接功能可以查看专利全文内容，也不需要账号，但是最大的弊端是需要在互联网环境下才能查看全文。为此，Patentics 还提供导出"本地库"功能，可以将专利相关全部内容下载到本地进行浏览。导出"本地库"可以将已处理的数据结构和数据信息，导出为一个独立的专利信息包，包括：Excel 文件、Word 文件、HTML 文件、PDF 文件，以及所有附图。这个文件夹可以复制，也可以传输分享，还可以放在局域网内共享；查看和使用无需互联网环境、无需账号即可实现专利全文的浏览。

导出"本地库"方法如下：单击选择节点后，点击鼠标右键，弹出操作栏，选择"导出"，进一步选择"本地库"，弹出导出本地库设置框，如图 4-4-7 所示。Excel 为必选项，其他项目根据需要勾选，点击"确定"，弹出 Excel 设置框，与导出 Excel 设置方法相同，在此不再赘述。勾选所需项目，点击"确定"，则导出本地数据库，数据库内容如图 4-4-7 所示。这里的 Excel 是索引功能，点击相应的公开号，则自动打开下载到本地电脑的 HTML 格式专利全文，浏览界面与 Patentics 客户端相同。

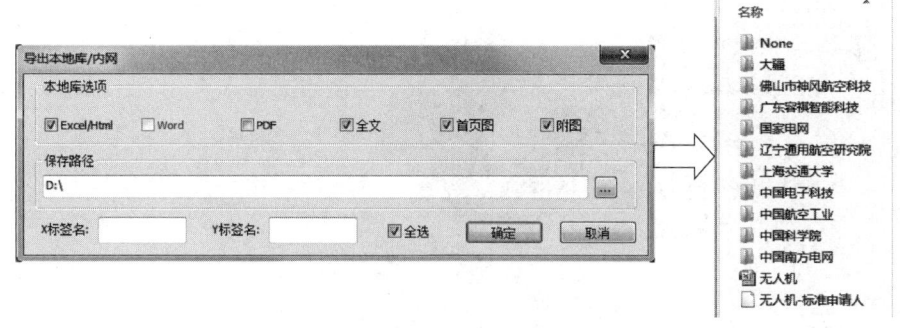

图 4-4-7 Patentics 客户端导出本地库

（5）系统文件导出

cls 文件是 Patentics 客户端分类器专用文件，导出 cls 文件有三种方法：第一种，点击选择相应的节点，点击鼠标右键选择"导出"，进一步选择"cls 文件"，导出的 cls 文件默认存储路径在 Patentics 系统 cls 文件夹内。第二种，点击选择相应的节点，点击鼠标右键选择"导出",进一步选择"剪贴板",实质同样为导出 cls 文件,但在操作上更便捷,可以直接粘贴在桌面或通信工具(微信、QQ)的对话框内,如图 4-4-8 所示。第三种,直接点击菜单栏上"保存"按钮,则整体保存分类器中的所有节点结构及其中数据至 cls 文件。

图 4-4-8　Patentics 客户端导出剪贴板

4.4.2　可视化结果保存

(1) Windows 文件

在生成可视化图表后,点击图形右上方"下载"按钮,如图 4-4-9 所示,即可直接保存该可视化图片文件。这也是可视化结果最常用的保存方法。

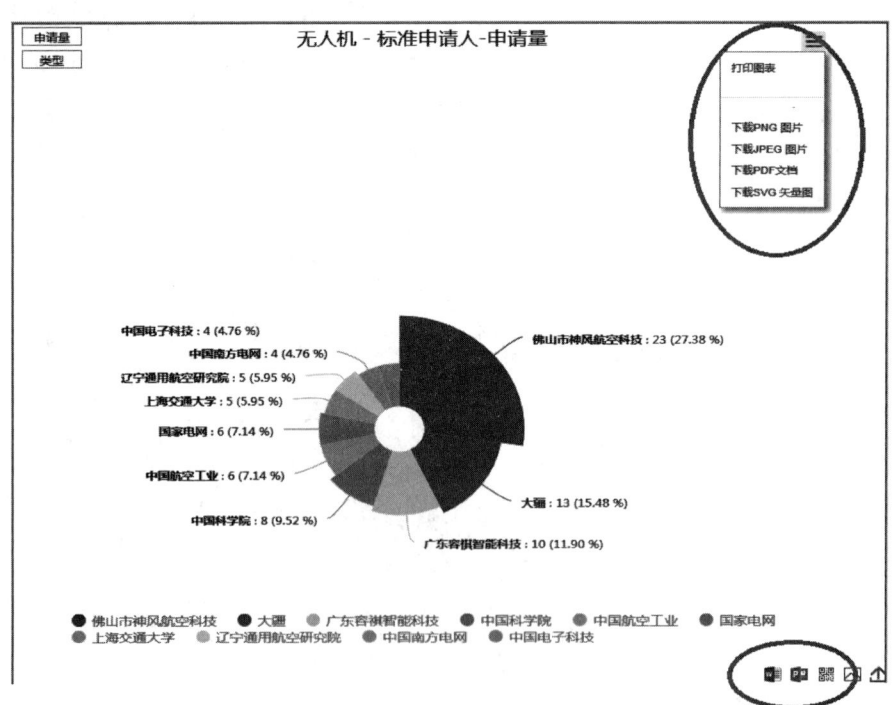

图 4-4-9　Patentics 客户端可视化结果图片保存

在生成可视化图表后,点击菜单栏"可视化"按钮,既可以选择"生成 Word"或"生成 PPT",也可以点击可视化图表下方的 Word 图标或 PPT 图标,如图 4-4-9

所示。即可直接生成插入可视化图表并附有简单文字说明的 Word 报告或 PPT 文件，如图 4-4-10、图 4-4-11 所示。

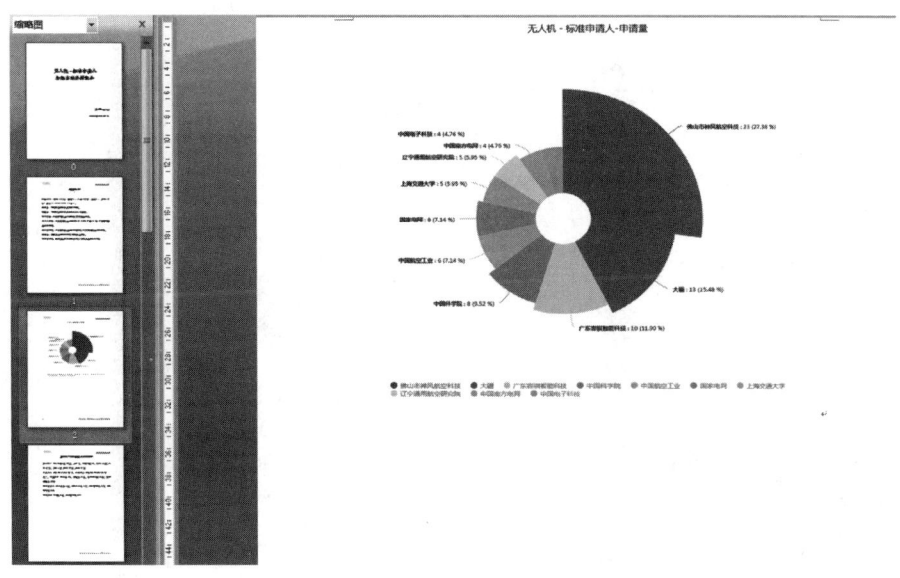

图 4-4-10　Patentics 客户端可视化导出 PPT 文件

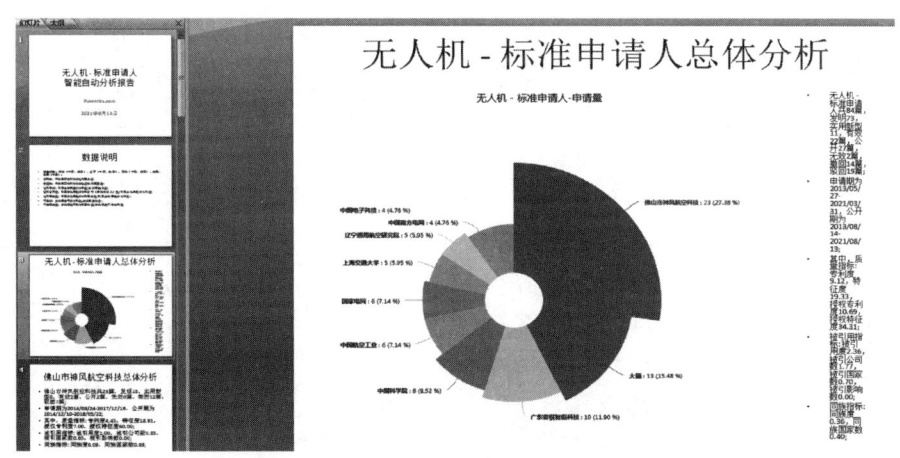

图 4-4-11　Patentics 客户端可视化导出 Word 文件

（2）二维码

Patentics 对于可视化结果还提供二维码保存功能，以便于实现通过手机对分析结果的快速查看。在生成可视化图表后，点击菜单栏"可视化"按钮，选择"生成二维码共享"，或点击可视化图表下方的二维码图标，弹出二维码分享对话框，如图 4-4-12 中左侧图片所示。其中，上方设置框中的文字描述可以更改，点击"设置"按钮，则修改成功；页面主题配色可根据个人喜好，点击左上方数字按钮进行选择切换。微信扫描对话框下方的二维码即可在手机中生成可视化图表界面，如图 4-4-12 中右侧图片所示。需要说明的是,该界面不是静止固定的,而是动态可编辑的,与客户端可视化界面相同,同样可以通过点击左上角的"申请量"按钮进行统计单位的切换,点击"类型"按钮进行图形切换,点击图形或下方注释可进一步编辑图形。

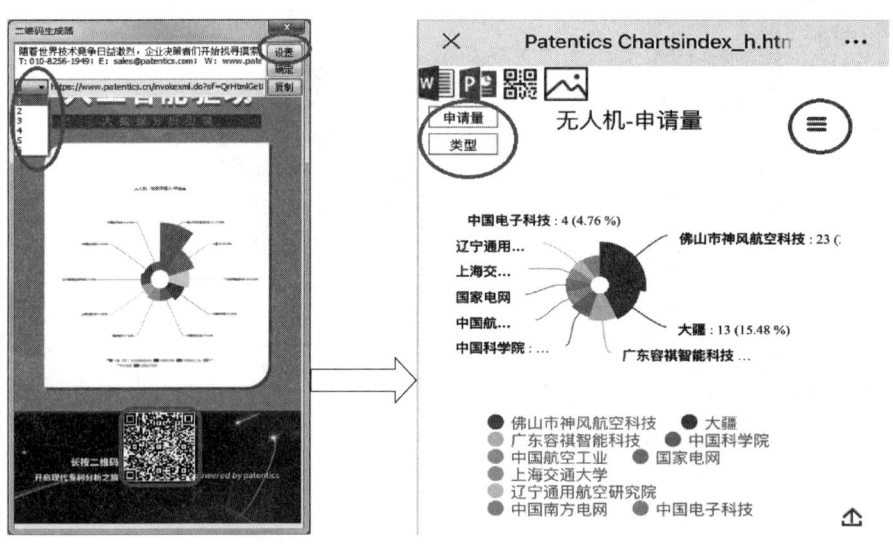

图4-4-12　Patentics客户端可视化导出二维码文件

4.5　网络版专利分析

经过前面的介绍,可以了解到Patentics客户端进行专利分析的强大功能。然而,Patentics网络版同样可以进行常规的专利分析,由于不具有分类器,因此网络版在数据处理方面受到限制,但是在分析结果、可视化图表方面与客户端都是一致的。

4.5.1　数据分组和可视化

在Patentics网络版获得检索结果列表后,左侧导航栏自动切换至数据分析页面,如图4-5-1所示。数据分析页面包括多个分组项分析模块,点击数据分析页面最下方的"更多"按钮,可以显示网络版全部分组项分析模块。在每个分析模块内,系统自动进行相应数据项的分组并显示结果,如图4-5-2所示。如果分组结果超过10个,点击"更多"按钮,可进一步显示更多分组结果。勾选需要进行分析的项目,点击"绘图"按钮,系统自动识别数据结构并即刻生成相应的可视化图形,如图4-5-3所示。与客户端可视化页面类似的,在左侧上方可以进行图形切换,左侧下方可以进行字体、颜色等可视化配置。

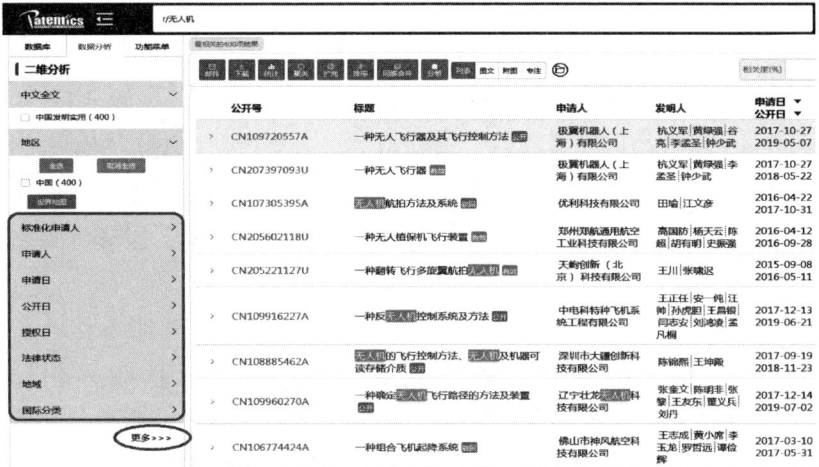

图4-5-1　Patentics网络版分组项分析模块

图4-5-2　Patentics网络版分组结果

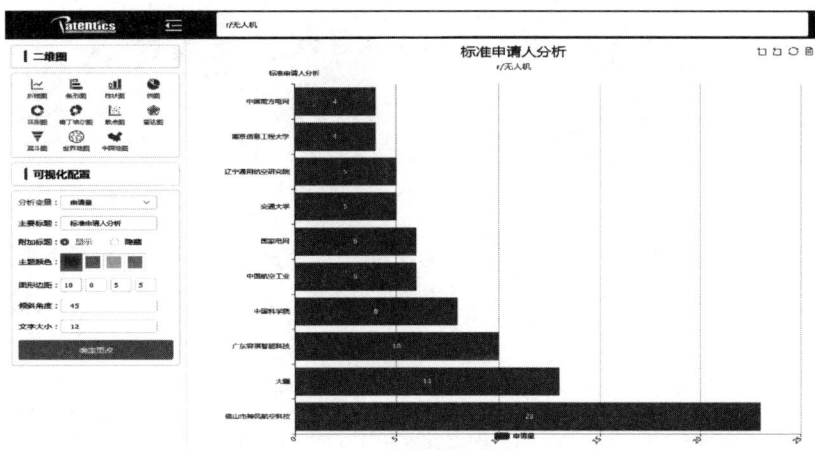

图4-5-3　Patentics网络版可视化页面

4.5.2 专利地图

根据 Patentics 专利地图官方介绍，其利用自身语义数学模型，仅输入一个关键技术点，就可以将该技术相关的技术脉络、技术路线基于全球大数据自动借助相关度聚类分析，从高维空间高精度相关关系，通过相关度保持的映射，投影到二维地图空间显示。

网络版专利地图功能通过点击"功能菜单"页面的"专利地图"进入。在"专利地图"界面，首先，用户在输入框中可以输入"关键词、一段话、专利号"，如图 4-5-4 所示。其次，在下方选择按概念关联或按专利号关联、地图上显示的关联点数量；根据显示器选择地图高度和宽度；地图提供四种底色选择；还可以选择中文关联或英文关联。最后，点击"PatentMap"按钮，则即刻生成专利地图，如图 4-5-5 所示。

图 4-5-4　Patentics 网络版专利地图设置

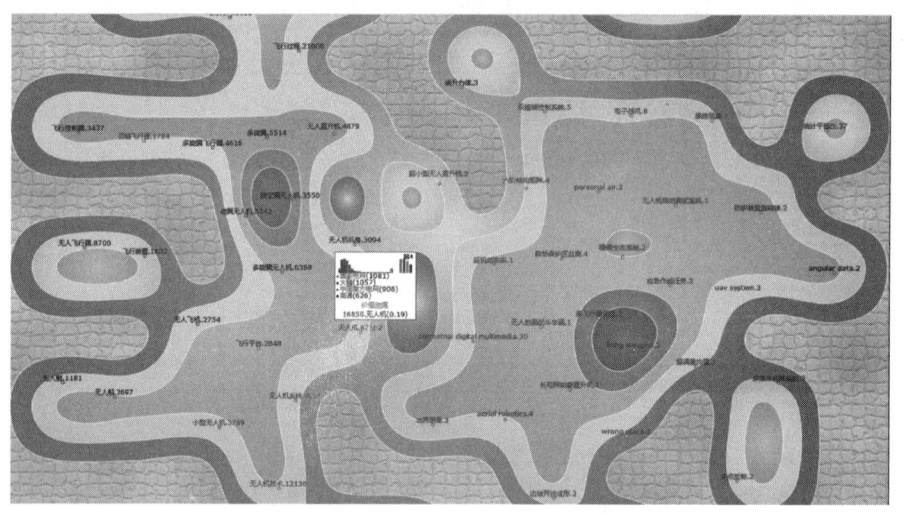

图 4-5-5　Patentics 专利地图显示

需要说明的是，该地图不是静态固定的，而是动态的。当鼠标移至任意概念时，系统自动显示出：20 年引用关系分布、近 3 年引用量最大的 4 个申请人，以及最早引用该概念的发明时间和申请人。如需更多专利地图操作方法，可点击下载如图 4-5-4 所示"智能全球专利大数据关联地图分析系统说明"详细查阅。

客户端专利地图功能通过左侧子窗口的"挖掘"页面实现，页面设置与操作方法均与网络版相同，在此不再赘述。

第 5 章
Patentics 5.0 推荐功能

由于时间仓促,本书第 2~4 章仅对 Patentics 最基础的功能操作进行介绍,而无法体现客户端强大功能的全貌。最新 Patentics 5.0 对系统专利分析功能再次进行了全方位的提升,因此在最后一章,选择对 Patentics 5.0 产品的智能系列和"最后一公里"两个模块进行推荐介绍。

5.1 检索魔方

根据 Patentics 官方介绍，"检索魔方"是对全球专利检索和专利分析的全新认知和独特方法。传统布尔检索的结果是基于检索人员的经验，纯粹的语义检索结果是基于算法模型的精度，而"检索魔方"是将二者结合，可以认为是语义检索2.0。

激活检索魔方操作方法如下：在分类器页面空白处点击鼠标右键，弹出操作栏，选择"智能检索"－"检索魔方"，则弹出检索魔方操作框，如图5－1－1所示。在"输入框"中可以输入公开号或一段文字；在下方的"区间"和"数据库"进行选择；在"切面参数"中是魔方对输入内容自动推荐的相关关键词，推荐词按照推荐顺序降序排序，用户可勾选所需关键词进行干预检索；在"分类"中是魔方对输入内容进行的自动分类，用户可以通过勾选或删除分类号干预检索；右上方"相关文件数"是显示的检索结果，用户可以根据需要进行选择；点击"OK"，则在分类器中生成多节点的数据结构，如图5－1－2所示。

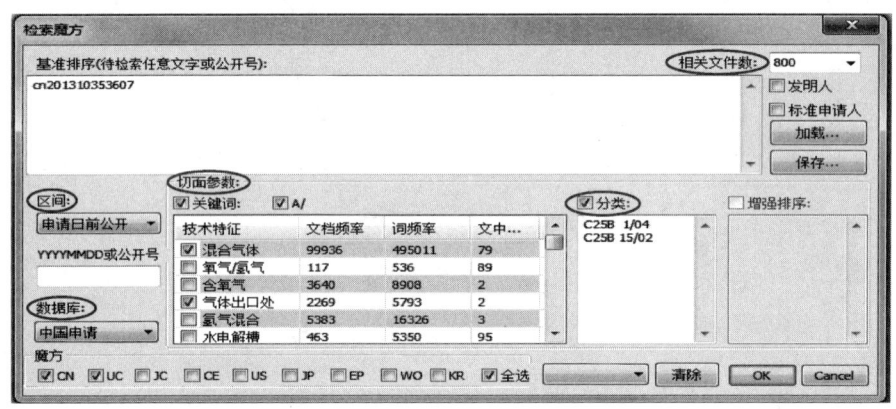

图5－1－1 Patentics 检索魔方设置框

数据结构根据勾选的检索数据库平行顺序排列，在其中一个数据库中同时生成6个子节点，如图5－1－2所示。在红色标记的"推荐阅读"子节点下，是根据语义检索结果推荐的对比文件集合。在"技术路线"子节点下，根据语义模型自动分为8个技术路线，与"技术"分组类似。在"CPC 小组"与"IPC 小组"子节点下，是通过语义结合各分类号的干预进行检索的结果；在"关键词"子节点下，是通过语义结合勾选的关键词的干预进行检索的结果。可以看到，这是第2章介绍的人工干预检索的常规步骤。在"检索魔方"中，系统用自动化手段完成了这些预检索，使操作界面一目了然，而无需用户再记忆检索算符等操作。

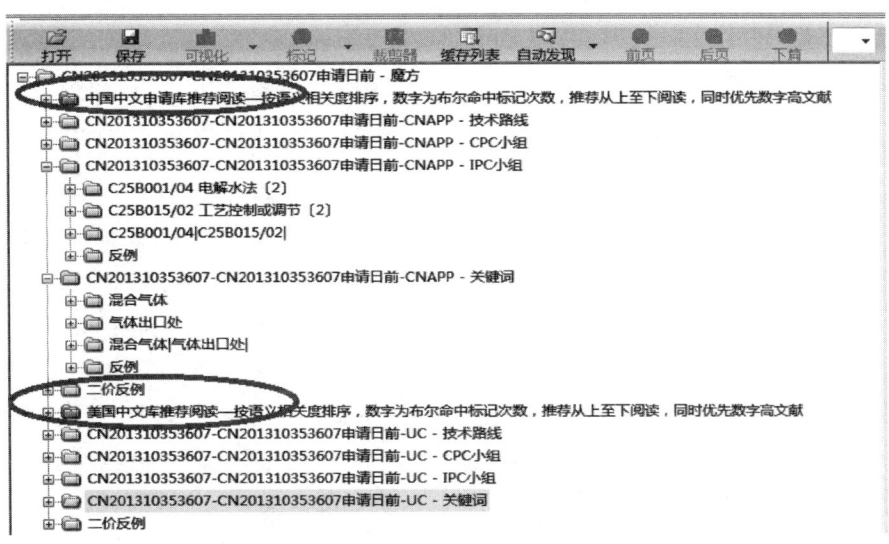

图 5-1-2　Patentics 检索魔方检索数据

点开红色"推荐阅读"子节点，如图 5-1-3 所示，该子节点下的专利是按照语义检索结果的相关度降序排列；同时，可以看到很多专利已经进行了等级标记，该等级标记的数字表示该专利同时被分类号及关键词干预检索后命中的次数，因此数字越高表示命中的次数越多。可见，"推荐阅读"给出了语义和布尔两种角度的检索结果信息供用户考量。

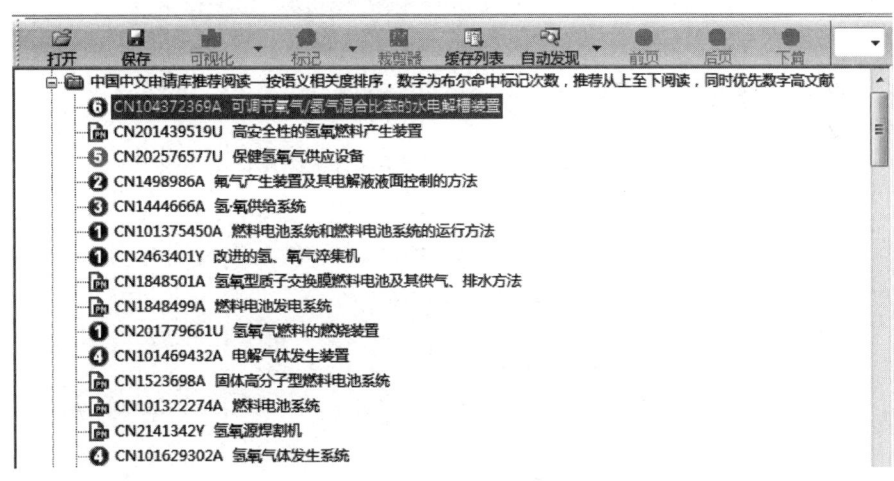

图 5-1-3　Patentics 检索魔方推荐阅读

"检索魔方"可以自动生成上千个检索式，实现自动组合检索，即对组合检索结果自动进行命中逻辑计算，并标记命中次数，对组合检索结果自动分组表示；还可以对数种语言、数国专利数据库，同时进行智能分解计算、自动标引，生成数十种分解结果集。

5.2 智能关联

关联竞争分析模块是通过自动化手段对两组专利数据集合进行自动的引用关系分析，而无须人为构建检索式以及引用关系图所需的数据结构。操作方法如下：首先，在主搜索与从搜索框中，进行两个竞争对手的检索，例如标准申请人 A 和标准申请人 B。其次，在分类器页面空白处直接点击右键，弹出操作栏，选择"智能关联"－"关联竞争分析"，弹出关联分析设置框，如图 5－2－1 所示，包括 4 个选项"主搜索被从搜索引用""从搜索被主搜索引用""主搜索引用从搜索""从搜索引用主搜索"。选择相应的分析内容，例如"主搜索被从搜索引用"，点击"确定"，则在分类器页面自动导入数据并构建所需数据结构。最后，点击选择分类器数据根节点，在可视化模块中点击选择"关系图－P"，则自动生成标准申请人 A 被标准申请人 B 引用（相当于"主搜索被从搜索引用"）的关系图，如图 5－2－2 所示。相应地，选择"从搜索引用主搜索"，生成关系图，如图 5－2－3 所示。其中，"主搜索被从搜索引用"呈现的引用结果集合是主搜索的子集合，"从搜索引用主搜索"呈现的引用结果集合是从搜索的子集合。

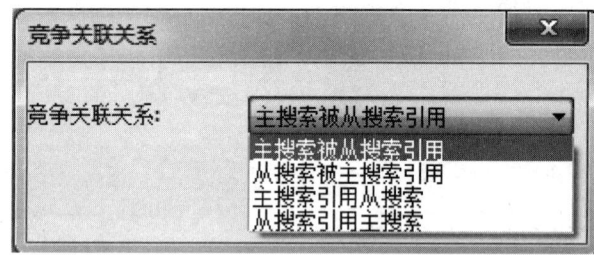

图 5－2－1　Patentics 智能关联分析设置框

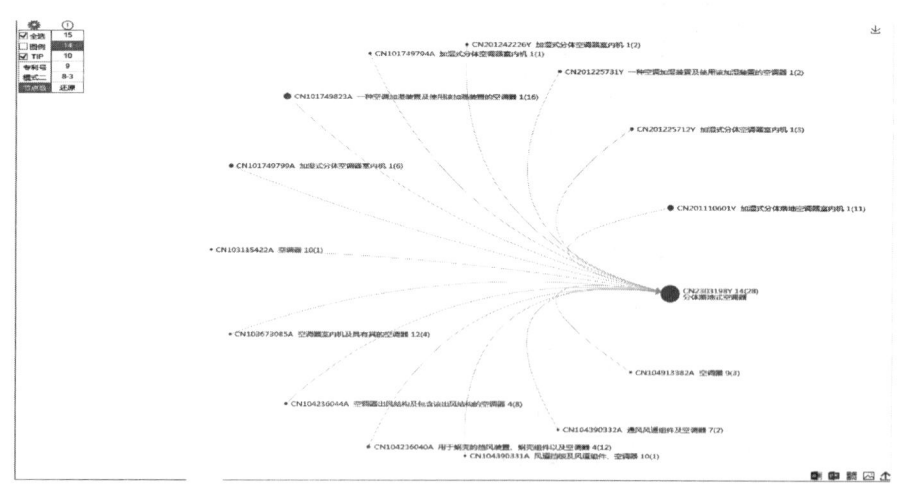

图 5－2－2　Patentics 智能关联主搜索被从搜索引用关系图－P

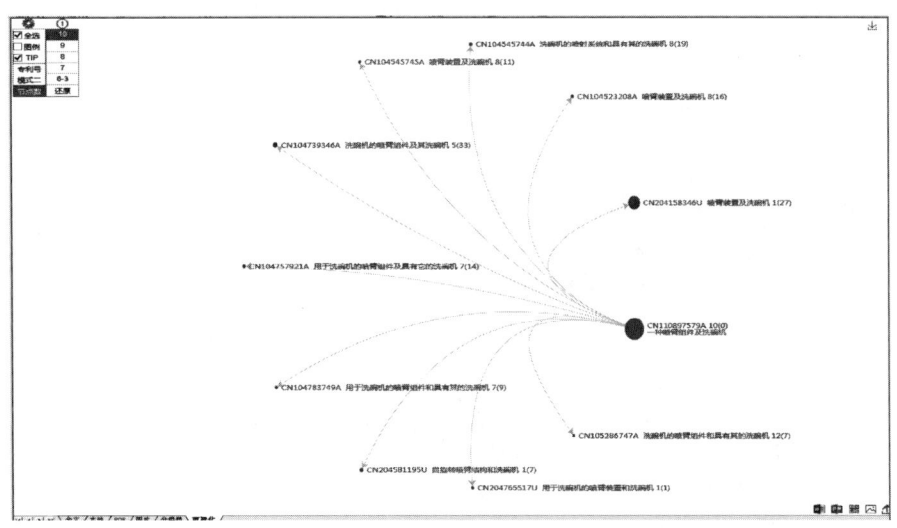

图 5-2-3　Patentics 智能关联从搜索引用主搜索关系图 – P

5.3　智能运营

智能运营模块同样通过自动化手段以专利数据的引用关系为基础，挖掘重点专利、重点发明人，同时为重点专利预测潜在的专利"买家"，而无须人为构建检索式以及数据结构。激活智能运营模块方法如下：在分类器页面空白处直接点击右键，弹出操作栏，选择"智能运营"，进一步有 4 个选项"最优商业价值专利挖掘器""最优技术价值专利挖掘器""最优诉讼案源挖掘器""最优专利代理匹配器"，其中"最优诉讼案源挖掘器""最优专利代理匹配器"还在开发中。

（1）最优商业价值专利挖掘器

Patentics 所定义的"最优商业价值"是基于中国专利被中国专利引用的关系计算得出的。选择"最优商业价值专利挖掘器"，则弹出操作框，如图 5-3-1 所示。在"挖掘对象"输入框中可以选择"检索式"选项，则下方出现检索式输入框，如图 5-3-2 所示，参照输入框要求输入检索式并限定相关专利集合数量；同时，也可以在"挖掘对象"输入框中输入申请人名称。点击"OK"，则在分类器页面自动生成 3 个节点文件夹，包括"最有商业价值专利 – 分级""最有商业价值专利 – 发明人挖掘""最有商业价值专利 – 技术挖掘"，如图 5-3-3 所示。

在"最有商业价值专利 – 分级"节点下，重点专利被标记等级和颜色，金色的颜色越深说明该专利被引用的次数越多，如图 5-3-4 所示。在"最有商业价值专利 – 发明人挖掘"节点下，系统根据专利被引用的次数提取最具研发实力的发明人，同样标记的金色越深说明被引用的次数越多，其中"发明人姓名"子节点下包括该发明人的所有专利，"发明人姓名 – 实际转移"子节点下是发明转移后的所有人，"发明人姓名 –

预测转移"是系统自动预测该专利有可能转移的对象,如图 5-3-4 所示。在"最有商业价值专利-技术挖掘"节点下,系统同样根据专利被引用的次数提取最具商业价值的技术领域,如图 5-3-4 所示,其中子节点与"发明人挖掘"子节点含义相似,在此不再赘述。

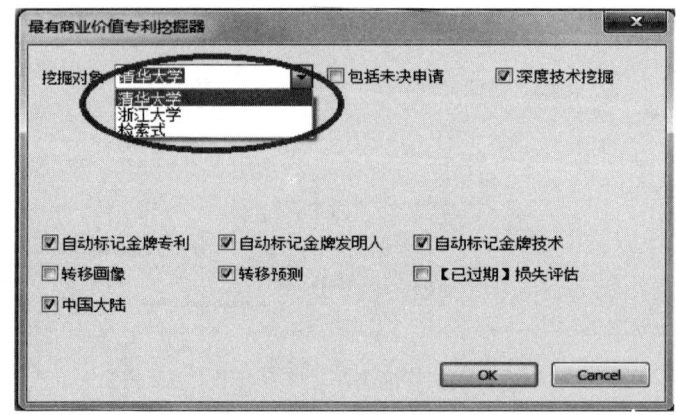

图 5-3-1　Patentics 最有商业价值专利挖掘器操作框

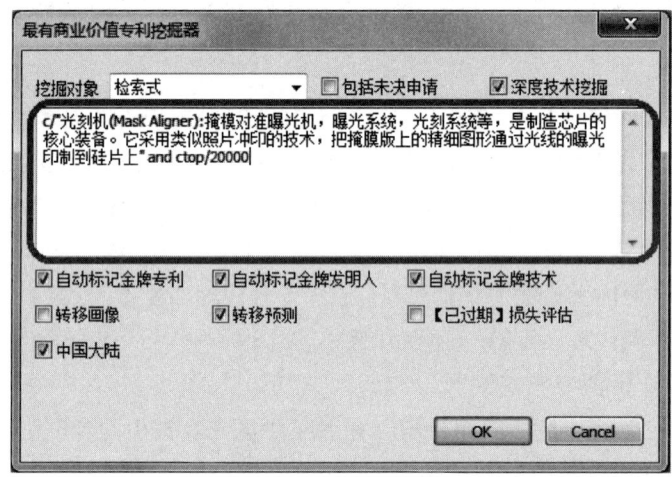

图 5-3-2　Patentics 最有商业价值专利挖掘器检索式输入框

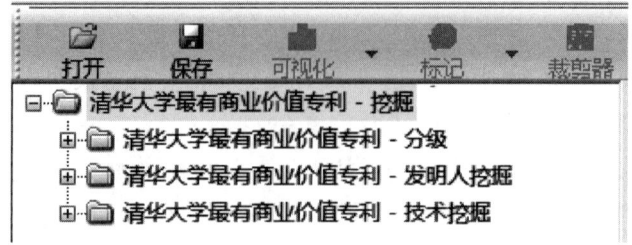

图 5-3-3　Patentics 最有商业价值专利挖掘数据

图 5-3-4　Patentics 最有商业价值专利挖掘数据结构

（2）最优技术价值专利挖掘器

Patentics 所定义"最优技术价值"是基于中国专利被美国专利引用的关系计算得出的。选择"最优技术价值专利挖掘器"，则弹出操作框，如图 5-3-5 所示。该操作框与"最优商业价值专利挖掘器"的操作框类似，可以输入检索式，也可以输入申请人；同样，在分类器页面自动生成 3 个节点文件夹，包括"最有技术价值专利–分级""最有技术价值专利–发明人挖掘""最有技术价值专利–技术挖掘"，如图 5-3-6 所示。在"最有技术价值专利–分级"节点下，重点专利同样被标记等级和颜色，金色的颜色越深说明该专利被引用的次数越多。在"最有技术价值专利–发明人挖掘"节点下，系统同样根据专利被引用的次数提取最具研发实力的发明人，同样标记的金色越深说明被引用的次数越多。在"最有技术价值专利–技术挖掘"节点下，系统同样根据专利被引用的次数提取最具技术价值的技术领域。其中子节点与"最有商业价值专利挖掘器"子节点含义相似，在此不再赘述。

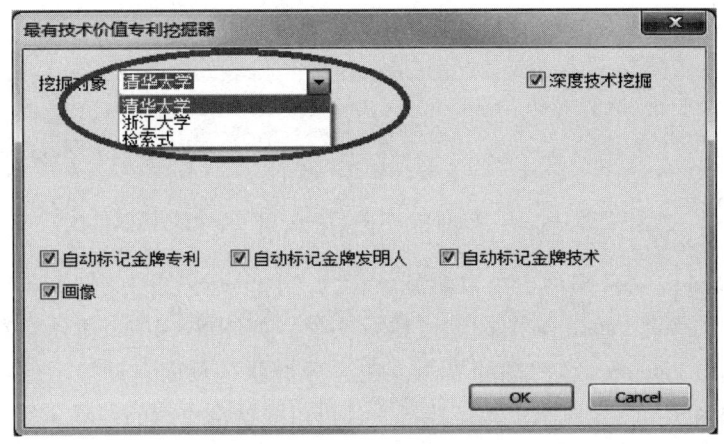

图 5-3-5　Patentics 最有技术价值专利挖掘器操作框

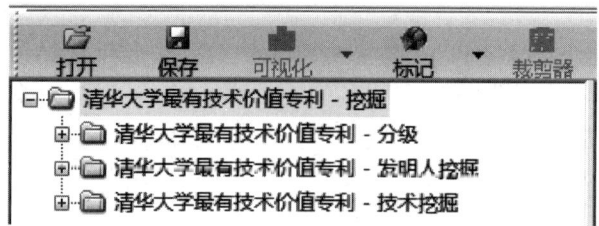

图 5 – 3 – 6　Patentics 最有技术价值专利挖掘数据

5.4　"最后一公里"

　　Patentics 5.0 独有的"最后一公里"是一种专利分析的结果导出方式。该导出方式从技术上根本性地解决了专利相关材料的传输问题。由于专利工作的高度保密性，长久以来，专利工程师与研发人员之间以及企业与专利代理机构之间对专利相关材料的传送都依赖于 Word、Excel 等 Office 文件。"最后一公里"可以将用户在客户端所做的一切，无论检索或分析，都完整地保存并输出为一个本地离线专利库。这个文件既可以随时传输分享，也可以放在局域网内共享，查看和使用无需网络、无需账号，真正打通了专利情报获取的"最后一公里"障碍。

　　在分类器完成数据处理后，点击选择相应的根节点，点击鼠标右键，弹出操作栏，选择"导出" – "最后一公里"，弹出导出路径对话框，如图 5 – 4 – 1 所示，进一步选择要保存的路径。导出完成后，在选择的路径下生成一个名为"Client"文件夹。该文件夹既可以重命名，也可以复制或压缩进而发送给他人。

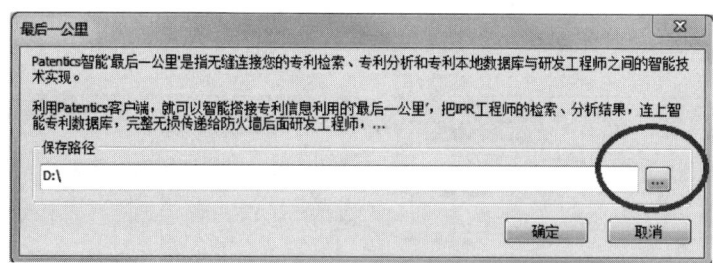

图 5 – 4 – 1　Patentics "最后一公里"导出对话框

　　打开"Client"文件夹后，可以看到名称为"Patentics"的文件夹，双击打开该文件夹，可以看到带有 Patentics 图标的可执行文件，如图 5 – 4 – 2 所示。双击运行该文件，则弹出类似 Patentics 客户端的界面，在"分类器"页面自动显示保存的完整节点数据结构，如图 5 – 4 – 3 所示。该可执行文件可以支持客户端的一切离线功能，例如保存数据的专利浏览、标记、排序、分组、节点操作、可视化（如图 5 – 4 – 4、图 5 – 4 – 5、图 5 – 4 – 6 所示），并且数据处理结果和可视化结果的导出方式、操作方法与客户端中的操作相同,具体参见第 3 章和第 4 章介绍。但该可执行文件不支持需要使用网络的功能,例如需要调用服务器的检索功能,以及需要调用服务器中算法模型进行分组的技术分组功能。

图 5-4-2　Patentics"最后一公里"导出文件

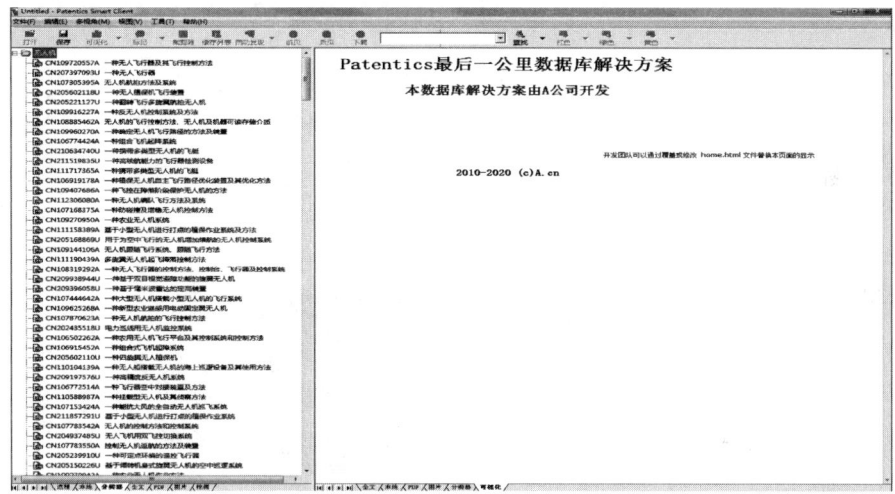

图 5-4-3　Patentics"最后一公里"文件打开界面

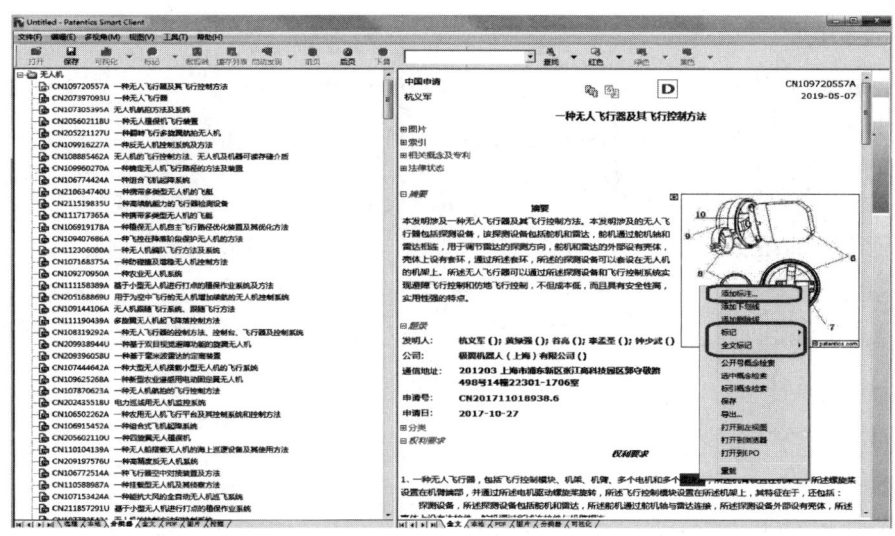

图 5-4-4　Patentics"最后一公里"专利浏览

图 5-4-5　Patentics "最后一公里" 专利标引

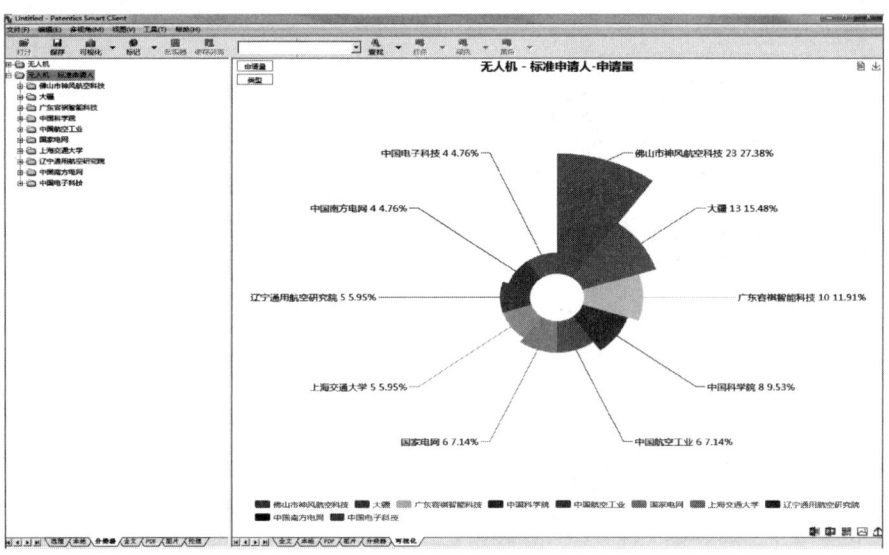

图 5-4-6　Patentics "最后一公里" 数据分组和可视化

可见,"最后一公里"提供的是一个立体的数据库,可以对专利数据实现除调用服务器功能以外的任意二次挖掘、标记、分析等操作。与传统的专利文件保存及传输方式相比,"最后一公里"的保存、传输、使用更加直观、生动;故在此推荐给专利行业从业者,希望能够切实服务于科技创新,协助科研人员高效挖掘专利信息,不断提高创新能力。

参考文献

［1］国家知识产权局学术委员会．专利分析实务手册［M］.2版．北京：知识产权出版社，2021.

［2］杨铁军．专利分析实务手册［M］.北京：知识产权出版社，2012.

［3］国家知识产权局专利局审查业务管理部．专利分析数据处理实务手册［M］.北京：知识产权出版社，2018.

［4］杨铁军．专利分析可视化［M］.北京：知识产权出版社，2017.

［5］国家知识产权局专利局人事教育部．计算机检索高级教程［M］.北京：知识产权出版社，2009.

［6］田力普．发明专利审查基础教程［M］.北京：知识产权出版社，2012.

［7］HUNT D, NGUYEN L, RODGERS M. 专利检索：工具与技巧［M］.陈可南，译．北京：知识产权出版社，2013.

［8］马天旗，赵亚娟，黄文静，等．专利分析：方法、图表解读与情报挖掘［M］.北京：知识产权出版社，2015.

［9］马天旗，郭大为，丁志新，等．专利分析检索、可视化与报告撰写［M］.北京：知识产权出版社，2021.

后　记

　　成书之际，回想本书既成于偶然，也立于必然。笔者投身专利行业近二十载，有幸看到我国专利数量"超英赶美"，但却也随芸芸知产人，反而更加迷茫。可能也是理工科出身的缘故，思维受限，做不来那些风轻云淡的生意，而是满眼的现实荆棘。

　　此时，Patentics 系统的存在则更像是一种慰藉，一种陪伴，一种信仰。作为用户，笔者的上述感觉也非凭空想象，而是来源于实际：一是系统功能确实强大，只有想不到的点，没有办不了的事儿，这让用户在其他知产同行面前确实会有物理层面上的优势；二是系统功能更新快，频率堪比游戏迭代速度，三个月不用多一半功能没见过，也不夸张，这样的状态能带给用户新鲜感，感觉自己确实在追逐一个目标，就像到点儿发布的新手机、新电脑，你也许都用不上那些新功能，但是毫无疑问会心向往之；三是系统真心难用，不友善的界面、无从下手的抓狂，以及从来就不存在的产品说明书，这一切是把双刃剑，既阻隔了新用户的进入，也带给了老用户一种世外高人的优越感，使得所谓"世外高人"觉得要拯救苍生了。

　　独乐乐不如众乐乐，说的容易做起来甚难，自己理解是一回事，写清楚了让读者明白是另一回事。笔者真的是动笔即后悔，几乎是咬牙跺脚完成了全书，回首一看，貌似 Patentics 又要出大更新了。绝望的心情也带来了新的动力，笔者也是暗下决心将"布道"进行到底，如何在保持图书结构完整的基础上，适合新读者白丁状态进入，更要在后续不断地更新，让同道中人都能一同享受修行，这恐怕是未来的目标。后记写到此算是给自己也挖了"坑"，能不能填得上，拭目以待吧。

知　舍
2021 年 12 月